WebGIS系列丛书

WebGIS
之ECharts大数据图形可视化

郭明强 黄颖 李婷婷 杨亚仑 葛亮 王波 高婷 匡明星 曹威 张敏 编著

电子工业出版社
Publishing House of Electronics Industry
北京·BEIJING

内 容 简 介

ECharts 是一款基于 JavaScript 的可视化图表库，能够提供直观、生动、可交互、可个性化定制的可视化图表。本书结合基于 ArcGIS 的自定义后台 REST 服务开发和 OpenLayers 前端 WebGIS 开发来介绍 ECharts 常用组件的用法。本书共 12 章，首先介绍 ECharts 大数据图形可视化的开发环境配置；然后对 ECharts 的常用组件进行讲解，包括折线图、柱状图、饼图、散点图、雷达图、箱线图、关系图、树图、3D 图等组件；最后以新冠肺炎疫情大数据分析系统为例，介绍 ECharts 与 ArcGIS、OpenLayers 的组合开发。

本书既可作为高等学校计算机、GIS、遥感、软件工程等相关专业的教材或教学参考书，也可供相关领域的科研工作者参考。

未经许可，不得以任何方式复制或抄袭本书之部分或全部内容。
版权所有，侵权必究。

图书在版编目（CIP）数据

WebGIS 之 ECharts 大数据图形可视化 / 郭明强等编著. —北京：电子工业出版社，2021.12
（WebGIS 系列丛书）
ISBN 978-7-121-43129-6

Ⅰ. ①W… Ⅱ. ①郭… Ⅲ. ①地理信息系统－可视化软件 Ⅳ. ①P208

中国版本图书馆 CIP 数据核字（2022）第 043958 号

责任编辑：田宏峰
印　　刷：河北鑫兆源印刷有限公司
装　　订：河北鑫兆源印刷有限公司
出版发行：电子工业出版社
　　　　　北京市海淀区万寿路 173 信箱　邮编 100036
开　　本：787×1 092　1/16　印张：13.75　字数：352 千字
版　　次：2021 年 12 月第 1 版
印　　次：2021 年 12 月第 1 次印刷
定　　价：99.00 元

凡所购买电子工业出版社图书有缺损问题，请向购买书店调换。若书店售缺，请与本社发行部联系，联系及邮购电话：（010）88254888，88258888。
质量投诉请发邮件至 zlts@phei.com.cn，盗版侵权举报请发邮件至 dbqq@phei.com.cn。
本书咨询联系方式：tianhf@phei.com.cn。

前　言

在互联网+、云计算、物联网、人工智能、大数据等新兴技术蓬勃发展的时代，智慧医疗、智慧校园、智慧城市、智慧交通、智慧农业、智慧国土等领域均需要对大数据进行图形可视化操作，从而为数据管理、统计分析、动态监控、决策指挥等提供服务。

基于 JavaScript 的 ECharts 不依赖第三方插件，可直接在浏览器中运行，已成为大数据图形可视化的首选方案之一。基于 ArcGIS Engine 提供的 SDK，开发者可以从底层开始，开发属于自己的 WebGIS 后台 REST 服务。借助 OpenLayers 前端的 WebGIS 开发框架，开发者可以全面掌握从底层到渲染层，从后台 REST 服务到前端可视化的整个开发过程。

本书结合基于 ArcGIS 的自定义后台 REST 服务开发和 OpenLayers 前端的 WebGIS 开发讲解 ECharts 常用组件的用法。在介绍 ECharts 常用组件的用法时，所用的实例数据是新冠肺炎疫情数据（COVID-19 疫情数据），该数据的时间是 2019 年 12 月 31 日—2020 年 3 月 2 日，包括 COVID-19 国外疫情数据和 COVID-19 国内疫情数据，COVID-19 国外疫情数据来自人民网，COVID-19 国内疫情数据来自国家卫生健康委员会。

本书作者长期从事 WebGIS 的理论方法研究、教学和应用开发工作，已有 10 余年的 WebGIS 和互联网软件开发相关经验，这为本书的编写打下了扎实的基础。全书涵盖 ECharts 常用组件，内容按照实际开发步骤逐步讲解，循序渐进，使读者更容易掌握相关的知识点。同时，本书还对开发过程中的核心代码进行了精讲，以便读者更加轻松地学习。

本书面向计算机、GIS、遥感、测绘等相关领域工作者，内容编排遵循一般学习曲线，由浅入深、循序渐进地介绍了基于 ArcGIS 的 WebGIS 后台 REST 服务开发方法、ECharts 的常用组件的用法，以及与 OpenLayers 组合开发的方法，从后台 REST 服务到前端渲染进行全面讲解，内容完整、实用性强，可以使读者快速、全面地掌握 ECharts 常用组件的用法。对于初学者来说，本书没有任何门槛，只需要按部就班地跟着本书学习即可。无论您是否拥有 Web 应用开发经验，都可以借助本书来系统了解和掌握基于 ECharts 大数据图形可视化应用所需的技术知识点，为开发新颖的互联网应用奠定良好的基础。

本书出版得到了国家自然科学基金（41971356、41701446）的支持，在此表示诚挚的谢意。在本书编辑出版过程中，得到了电子工业出版社的鼓励和支持，在此表示感谢。

限于作者水平，本书难免会存在不足和疏漏之处，敬请广大读者批评指正。

郭明强

中国地质大学（武汉）　副教授　博士后

武汉中地数码科技有限公司 WebGIS 产品研发经理　高级工程师

湖北地信科技集团股份有限公司　技术顾问

目　　录

第 1 章　WebGIS 与 ECharts 开发环境配置 ……………………………………………（1）

　　1.1　Visual Studio 安装配置 …………………………………………………………（1）
　　1.2　ArcGIS 10.2 安装配置 ……………………………………………………………（1）
　　1.3　ArcGIS Engine 10.2 安装配置 ……………………………………………………（1）
　　1.4　Visual Studio Code 安装配置 ……………………………………………………（2）
　　1.5　WebGIS 后台 REST 服务开发 ……………………………………………………（2）
　　　　1.5.1　创建后台 REST 服务实现类和接口 …………………………………………（2）
　　　　1.5.2　实现第一个 WebGIS 后台 REST 服务接口 …………………………………（4）
　　　　1.5.3　创建 WebGIS 后台 REST 服务宿主 …………………………………………（8）
　　1.6　OpenLayers 与 ECharts 的结合开发 ……………………………………………（9）
　　　　1.6.1　ECharts、jQuery 及 OpenLayers 开发库的下载 ……………………………（9）
　　　　1.6.2　设置 ECharts 图形 ……………………………………………………………（11）
　　　　1.6.3　通过 OpenLayers 加载地图 …………………………………………………（14）
　　　　1.6.4　与 OpenLayers 地图不联动的 ECharts 折线图 ……………………………（15）
　　　　1.6.5　与 OpenLayers 地图联动的 ECharts 折线图 ………………………………（15）

第 2 章　大数据图形可视化之折线图 ……………………………………………………（17）

　　2.1　基础折线图 ………………………………………………………………………（17）
　　2.2　基础面积折线图 …………………………………………………………………（17）
　　2.3　光滑折线图 ………………………………………………………………………（17）
　　2.4　堆积面积折线图 …………………………………………………………………（18）
　　2.5　堆积折线图 ………………………………………………………………………（22）
　　2.6　大数据量面积图 …………………………………………………………………（23）
　　2.7　关系坐标图 ………………………………………………………………………（25）
　　2.8　数值分段折线图 …………………………………………………………………（26）
　　2.9　梯度变化折线图 …………………………………………………………………（29）
　　2.10　原生图形元素组件 ………………………………………………………………（30）
　　2.11　双 y 轴折线图 …………………………………………………………………（32）
　　2.12　显示最值和均值的折线图 ………………………………………………………（37）
　　2.13　阶梯折线图 ………………………………………………………………………（39）
　　2.14　自定义折线和数据项的样式 ……………………………………………………（39）
　　2.15　双 x 轴折线图 …………………………………………………………………（40）

2.16 折线图与饼图的结合 ………………………………………………………… （43）

第3章 大数据图形可视化之柱状图 ……………………………………………………… （47）
3.1 柱状图框选 …………………………………………………………………… （47）
3.2 柱状图的背景色 ……………………………………………………………… （50）
3.3 柱状图的渐变色、阴影与缩放 ……………………………………………… （51）
3.4 正负条形图 …………………………………………………………………… （53）
3.5 正负交错柱状图 ……………………………………………………………… （54）
3.6 极坐标系下的堆叠柱状图 …………………………………………………… （54）
3.7 堆叠柱状图 …………………………………………………………………… （58）
3.8 横向柱状图 …………………………………………………………………… （60）
3.9 横向堆叠柱状图 ……………………………………………………………… （61）
3.10 显示最大值、最小值和平均值的柱状图 …………………………………… （62）
3.11 折线图和柱状图的组合 ……………………………………………………… （63）
3.12 多 y 轴图 …………………………………………………………………… （64）
3.13 对象数组数据集 ……………………………………………………………… （65）
3.14 阶梯瀑布图 …………………………………………………………………… （69）
3.15 动态更新图形 ………………………………………………………………… （70）

第4章 大数据图形可视化之饼图 ………………………………………………………… （73）
4.1 饼图标签对齐 ………………………………………………………………… （73）
4.2 自定义饼图 …………………………………………………………………… （76）
4.3 圆环图 ………………………………………………………………………… （77）
4.4 带滚动图例的饼图 …………………………………………………………… （78）
4.5 内嵌饼图 ……………………………………………………………………… （79）
4.6 纹理饼图 ……………………………………………………………………… （81）

第5章 大数据图形可视化之散点图 ……………………………………………………… （83）
5.1 基本散点图 …………………………………………………………………… （83）
5.2 气泡图 ………………………………………………………………………… （85）
5.3 指数回归散点图 ……………………………………………………………… （88）
5.4 线性回归散点图 ……………………………………………………………… （90）
5.5 对数回归散点图 ……………………………………………………………… （91）
5.6 单轴上的散点图 ……………………………………………………………… （91）

第6章 大数据图形可视化之雷达图 ……………………………………………………… （95）
6.1 基础雷达图 …………………………………………………………………… （95）
6.2 多变量雷达图 ………………………………………………………………… （97）
6.3 雷达图样式设置 ……………………………………………………………… （99）
6.4 多雷达图 ……………………………………………………………………… （102）

6.5　颜色渐变雷达图……………………………………………………………（103）

第 7 章　大数据图形可视化之箱线图……………………………………………（105）
7.1　水平箱线图………………………………………………………………（105）
7.2　垂直箱线图………………………………………………………………（106）
7.3　多变量箱线图……………………………………………………………（107）

第 8 章　大数据图形可视化之关系图……………………………………………（111）
8.1　默认布局关系图…………………………………………………………（111）
8.2　环形布局关系图…………………………………………………………（116）
8.3　力引导布局关系图………………………………………………………（117）
8.4　动态关系图………………………………………………………………（117）
8.5　多个力引导布局关系图…………………………………………………（119）
8.6　位于笛卡儿坐标系上的关系图…………………………………………（121）
8.7　依赖关系图………………………………………………………………（123）
8.8　关系图连接线样式的设置………………………………………………（124）
8.9　可拖动的关系图…………………………………………………………（126）
8.10　日历关系图………………………………………………………………（126）

第 9 章　大数据图形可视化之树图………………………………………………（131）
9.1　从左到右的树图…………………………………………………………（131）
9.2　多个树图…………………………………………………………………（133）
9.3　从底到顶的树图…………………………………………………………（134）
9.4　从右到左的树图…………………………………………………………（135）
9.5　由中心向四周生长的树图………………………………………………（137）
9.6　从顶到底的树图…………………………………………………………（138）
9.7　矩形树图…………………………………………………………………（139）
9.8　显示父标签的矩形树图…………………………………………………（140）
9.9　基础矩形树图……………………………………………………………（141）

第 10 章　大数据图形可视化之三维显示…………………………………………（143）
10.1　三维柱状图………………………………………………………………（143）
10.2　三维散点图………………………………………………………………（145）
10.3　三维图像…………………………………………………………………（146）

第 11 章　大数据图形可视化之其他图形…………………………………………（151）
11.1　基础蜡烛图………………………………………………………………（151）
11.2　基础热力图………………………………………………………………（153）
11.3　日历热力图………………………………………………………………（153）
11.4　图标日历图………………………………………………………………（154）
11.5　旭日图……………………………………………………………………（159）

11.6 漏斗图 ……………………………………………………………………（162）
11.7 仪表盘 ……………………………………………………………………（165）
11.8 图标柱状图 ………………………………………………………………（166）

第12章 新冠肺炎疫情大数据分析系统 …………………………………………（169）

12.1 需求分析 …………………………………………………………………（169）
12.2 系统设计 …………………………………………………………………（169）
  12.2.1 开发环境 ……………………………………………………………（169）
  12.2.2 数据结构设计 ………………………………………………………（169）
  12.2.3 系功能设计 …………………………………………………………（172）
12.3 功能实现 …………………………………………………………………（172）
  12.3.1 后台 REST 服务的实现 ……………………………………………（173）
  12.3.2 前端框架搭建 ………………………………………………………（193）
  12.3.3 前端数据渲染 ………………………………………………………（196）
12.4 本章小结 …………………………………………………………………（211）

第1章 WebGIS 与 ECharts 开发环境配置

1.1 Visual Studio 安装配置

首先下载 Visual Studio 2012 压缩包，下载完成后双击.iso 文件，然后在使用解压缩工具解压缩后，双击 vs_ultimate.exe 即可开始安装 Visual Studio 2012。在安装 Visual Studio 2012 时，先选择安装的位置，勾选相应的同意条款，然后依次单击"下一步"按钮和"安装"按钮，即可完成安装。

1.2 ArcGIS 10.2 安装配置

下载 ArcGIS_Desktop_102_zh_CN_135202.iso，下载完成后，使用解压缩工具解压缩后，双击 ESRI.exe 文件。首先安装 ArcGIS License Manager，双击 Setup.exe 文件，选择合适的安装路径后一直单击"下一步"按钮即可开始安装，安装好之后，启动 License Manager，并单击"停止"按钮。然后安装 ArcGIS for Desktop，选择合适的安装路径，一直单击"下一步"按钮即可开始安装，安装好之后，启动 License Manager 中的服务，启动 ArcGIS Administrator，选择浮动版，将许可管理改为"localhost"，然后运行 License Manager，即可完成 ArcGIS 10.2 的安装。

1.3 ArcGIS Engine 10.2 安装配置

下载 ArcGIS Engine10.2_20130816.iso，解压缩安装包后找到并双击 ESRI.exe，选择"ArcGIS Engine（Windows）"及合适的安装路径后，一直单击"下一步"按钮即可。接下来安装 ArcObjects SDK for Microsoft.NET Framework，双击 Setup.exe 文件，选择与 ArcGIS for Desktop 相同的路径，一直单击"下一步"按钮即可完成 ArcGIS Engine 10.2 的安装。打开 Visual Studio 2012 后创建窗口程序，拖曳 ArcGIS 相关控件，查看功能是否正常。如果正常，则说明 ArcGIS Engine 10.2 安装成功，否则将其卸载后重新安装。

1.4 Visual Studio Code 安装配置

在进行 WebGIS 和 ECharts 开发之前,需要先选择一款适合自己的编辑器,这里以本书使用的 Visual Studio Code 为例进行说明。打开 Visual Studio Code 官网,单击"Download for Windows"右侧的展开按钮,找到"Windows x64",下载 Stable 版本,如图 1-1 所示。Visual Studio Code 的安装非常简单,这里不做介绍。安装成功后,打开 Visual Studio Code 软件,单击左侧的"扩展应用",搜索并安装 View In Browser。安装 View In Browser 的目的是为了找到浏览器,安装成功后在编辑窗口单击鼠标右键便会出现"Open In Default Browser",建议将谷歌浏览器设置为默认浏览器。

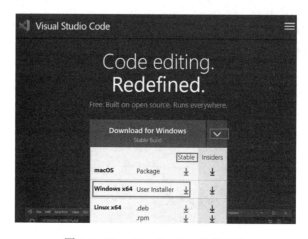

图 1-1 Visual Studio Code 软件下载

1.5 WebGIS 后台 REST 服务开发

1.5.1 创建后台 REST 服务实现类和接口

打开 Visual Studio 2012 并创建一个控制台应用程序,单击"Visual C#"→"控制台应用程序",设置项目名称和路径,如图 1-2 所示。

项目创建后单击"确定"按钮,在右侧的解决方案管理器中右键单击项目名称"WCFService",在弹出的右键菜单中依次选择"类"→"添加",如图 1-3 所示,将类文件命名为"DataStruct"。

添加完类文件之后,依次单击"引用"→"添加引用"→"程序集"→"框架",在"框架"中找到并添加"System.Runtime.Serialization""System.ServiceModel""System.ServiceModel.Web",如图 1-4 所示。如果找不到"System.ServiceModel.Web",则可右键单击项目名称,在弹出的右键菜单中选择"属性"→"目标框架",在"框架"中选择".NET Framework 4.7.1",Visual Studio 2012 中的.NET 框架是 4.7.1 版本,Visual Studio 2010 中的.NET 框架是 4.0 版本,

根据自己安装的 Visual Studio 版本选择相应的.NET 框架版本。

图 1-2 新建项目

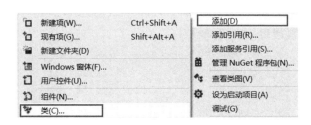

图 1-3 添加类文件

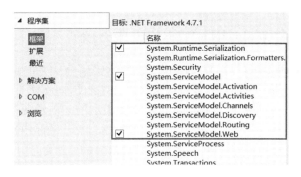

图 1-4 添加引用

引用"System.Runtime.Serialization",在类"Line_DataStruct1"中添加两个数据成员"DataList"和"DateList",并在构造函数中实例化这两个成员。可以根据项目的需要设置多个类及多个成员,如程序代码 1-1 所示。

程序代码 1-1 添加类和成员,并在构造函数中实例化添加的成员

```
[DataContract]
public class Line_DataStruct1
{
    [DataMember]
```

```
    public List<int> DataList { get; set; }
    [DataMember]
    public List<int> DateList { get; set; }
    public Line_DataStruct1()
    {
        DataList = new List<int>();
        DateList = new List<int>();
    }
}
```

设置完类之后，接下来添加接口。右键单击项目名称"WCFService"，在弹出的右键菜单中选择"添加"→"类"→"接口"，将接口命名为"DataInfoQuery"。在 3.5 版本以后的.NET 框架中，WCF 提供了 WebGet 的方式，该方式可以通过 URL 的形式访问 Web 服务。WebGet 指定的后台 REST 服务访问方法是 GET，默认的消息请求格式和响应格式为 XML，本书用 RequestFormat 规定客户端的请求消息是 JSON 格式，用 ResponseFormat 规定服务器端返回给客户端的数据是 JSON 格式，用 UriTemplate 将 GET 方法映射到具体的 URL 上，如程序代码 1-2 所示。

程序代码 1-2　设置接口

```
public interface IDataInfoQuery
{
    [OperationContract]
    [WebGet(UriTemplate = "GetLineData1", BodyStyle = WebMessageBodyStyle.Bare, RequestFormat =
WebMessageFormat.Json, ResponseFormat = WebMessageFormat.Json)]
    System.ServiceModel.Channels.Message getLineData1();
}
```

1.5.2　实现第一个 WebGIS 后台 REST 服务接口

在创建后台 REST 服务接口之前，首先创建一个名为"WCFService+OpenLayer+ECharts"的文件夹；接着在该文件夹下创建一个 app 文件夹；然后在 app 文件夹下分别创建 data_shp 文件夹和 lib 文件夹，lib 文件夹用于存放项目中需要引用的本地资源；最后在 lib 文件夹中创建 ECharts 文件夹、jQuery 文件夹、OpenLayers 文件夹，将下载的 ECharts 文件、jQuery 文件和 OpenLayers 文件分别放在所对应的文件夹中。自定义的目录如图 1-5 所示，项目的目录结构也可以根据个人的习惯来定义。

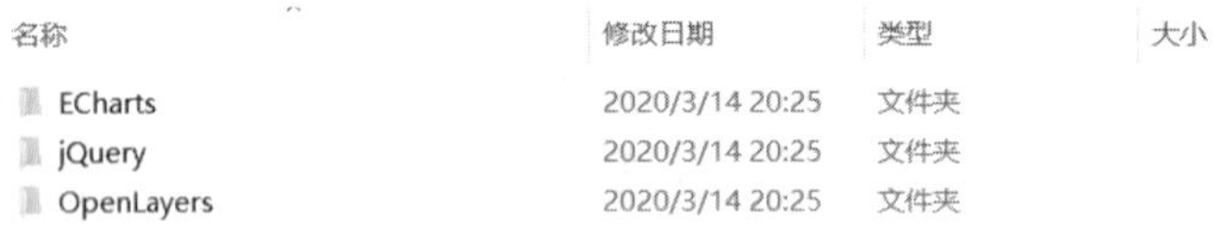

名称	修改日期	类型	大小
ECharts	2020/3/14 20:25	文件夹	
jQuery	2020/3/14 20:25	文件夹	
OpenLayers	2020/3/14 20:25	文件夹	

图 1-5　自定义的目录

在开发 Web 系统时，会经常出现跨域问题。跨域问题是指浏览器不能执行其他网站的脚本，这是由浏览器的同源（是指协议、域名、端口三者相同）策略造成的，是浏览器对 JavaScript 施加的安全限制。由于存在跨域问题，使得 AJAX 请求无法发送，所以需要调用编写的

ResponseMsgFactory.cs 来解决该问题。首先将 ResponseMsgFactory.cs 放到 WCFService 文件夹下；然后在 Visual Studio 2012 中右键单击项目名称"WCFService"，在弹出的右键菜单中依次选择"现有项"→"添加"，将 ResponseMsgFactory.cs 添加到项目中，如 1-6 所示。

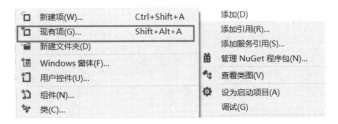

图 1-6　添加现有项

通过调用 ResponseMsgFactory.cs 中 ProcessHttpOPTIONS 方法，可判断服务器接收到的是不是 OPTIONS 请求，如果是，则返回服务器信息，并通过 ResponseMsgFactory 类获得指定格式的数据，调用代码如程序代码 1-3 所示。ResponseMsgFactory.cs 中 ProcessHttpOPTIONS 方法的具体实现如程序代码 1-4 所示。

程序代码 1-3　调用 ProcessHttpOPTIONS 方法

```
System.ServiceModel.Channels.Message OPTIONSMessage = ResponseMsgFactory.ProcessHttpOPTIONS(WebOperationContext.Current);
```

程序代码 1-4　ProcessHttpOPTIONS 方法的实现

```
namespace WCFService
{
    public sealed class ResponseMsgFactory
    {
        public static Message ProcessHttpOPTIONS(WebOperationContext context)
        {
            if (context.IncomingRequest.Method.Equals("OPTIONS",
                                StringComparison.OrdinalIgnoreCase))
            {
                ResponseMsgFactory.AddHeaderInfos(context);
                return context.CreateJsonResponse<string>("Get Server Rule Successfully!");
            }
            else
                return null;
        }
    }
}
```

由于本书需要调用 ArcGIS 数据库来存储后台所使用的疫情数据，因此后台需要获得 ArcGIS 数据库的许可，这可以通过调用 InitializePlatform.cs 中的 InitializeApplication 方法来实现。添加 InitializePlatform.cs 中的方法同添加 ResponseMsgFactory.cs 中的方法一样，调用代码如程序代码 1-5 所示。InitializePlatform.cs 中 InitializeApplication 方法的具体实现如程序代码 1-6 所示。

程序代码 1-5　调用 InitializeApplication 方法

```
InitializePlatform.InitializeApplication(out msg);
```

程序代码 1-6　InitializeApplication 方法的实现

```
//<summary>
//AO 许可
//</summary>
public static IAoInitialize m_pAoInitialize;
//<summary>
//获取许可，初始化许可
//</summary>
//<param name="strMsg">初始化许可输出信息.</param>
//<returns>许可初始化信息</returns>
public static Boolean InitializeApplication(out string strMsg)
{
    ESRI.ArcGIS.RuntimeManager.Bind(ESRI.ArcGIS.ProductCode.Desktop);
    Boolean bInitialized = true;
    strMsg = "";
    if (m_pAoInitialize == null)
        m_pAoInitialize = new AoInitialize();
    if (m_pAoInitialize == null)
    {
        strMsg = "无法初始化 ArcGIS！请检查 ArcGIS (Desktop, Engine or Server) 是否安装？"
        bInitialized = false;
    }
}
```

为了方便后台读取 ArcGIS 中 shp 文件的属性表数据，可以通过引用 ArcGIS 中的部分动态链接库文件来调用 ArcGIS 中的查询方法，从而获得 shp 文件的属性表数据。想要获得动态链接库文件，首先要在 ArcGIS 安装包中，找到并单击 SDK_dotnet 文件夹，接着双击 setup.exe，然后一直单击"Next"按钮，安装完成后，可在"%ArcGIS%\DeveloperKit10.2\DotNet"下找到本书使用的动态链接库文件，将这些动态链接库文件放到项目的"bin"文件夹下的"Debug"文件夹中，最后在 Visual Studio 2012 中右键单击项目名称"WCFService"，在弹出的右键菜单中依次选择"添加引用"→"浏览"，可将"Debug"文件夹下的动态链接库文件添加到项目中，如图 1-7 所示。

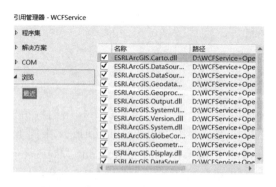

图 1-7　在项目中添加动态链接库文件

通过 ServiceBehavior 中的一些属性可以控制服务的实例、线程等。其中 InstanceContextMode 用于设置服务实例的生命周期，其值是 Single；ConcurrencyMode 用于设置服务以单线程模式运行，其值是 Single。如果要把未处理的异常作为 SOAP 错误消息发送给客户端，就需要把 IncludeExceptionDetailInFaults 设置为 true。AspNetCompatibilityRequirements 用于启用 ASP.NET 兼容性模式，如程序代码 1-7 所示。

程序代码 1-7　设置 ServiceBehavior 属性

```
[ServiceBehavior(InstanceContextMode = InstanceContextMode.Single, ConcurrencyMode =
                 ConcurrencyMode.Single, IncludeExceptionDetailInFaults = true)]
[AspNetCompatibilityRequirements(RequirementsMode =
                 AspNetCompatibilityRequirementsMode.Allowed)]
```

接下来设置疫情数据存储的路径，即"path=@"..\..\..\data_shp""，该路径是数据文件夹的相对路径，每一个"..\"代表的是上一级目录。首先调用 IFeatureWorkspace 接口中的 OpenFromFile 方法打开 data_shp 文件夹，再调用 OpenFeatureClass 方法打开该文件夹下名为 HBconfirmed_0302 的 shp 文件，读者可以根据自身需要设置其他的 shp 文件名。设置 shp 文件所在路径及工作空间的代码如程序代码 1-8 所示。

程序代码 1-8　设置 shp 文件所在路径及工作空间

```
string path = @"..\..\..\..\data_shp";
IFeatureWorkspace pFeatWS = pWorkspaceFactory.OpenFromFile(path, 0) as IFeatureWorkspace;
IFeatureClass pFeatureClass = pFeatWS.OpenFeatureClass("HBconfirmed_0302");
```

由于本书使用的疫情数据时间字段名中含有字母"T"，为了使后续的折线图不出现"T"，需要首先调用 fields.get_Field 方法获取属性表中所有字段，然后调用 get_Field 方法获得含有字母"T"的字段名，最后调用 Substring 方法去掉时间字段名中的字母"T"，如程序代码 1-9 所示。

程序代码 1-9　获取字段名并去掉字段名中的首字母"T"

```
//获取属性表的字段
IFields fields = pFeatureClass.Fields;
//遍历各个字段
for (int i = 0; i < fields.FieldCount; i++)
{
    //获取各个字段
    IField field = fields.get_Field(i);
    //若字段名是以字母"T"开头的，则将该字段名添加到数组中
    if (fields.get_Field(i).Name.Substring(0, 1) == "T")
    {
        //获取各个字段名并将第一个字符去掉
        int fieldName = int.Parse(field.Name.Substring(1));
        DataStruct1.DateList.Add(fieldName);
    }
}
```

处理完字段名之后，还需要调用 IFeatureClass.Search 方法来查询属性表中的字段值。

"WhereClause = """ 表示查询所有的数据。IFeatureClass.Search(pQueryFilter,false)的作用是根据 pQueryFilter 从 FeatureClass 中选取特定的 Feature，该方法会返回一个 IFeatureCursor 对象。IFeatureCursor 对象用于指向被筛选出来的符合条件的 Feature。IFeatureCursor.NextFeature 方法将游标指向下一个满足条件的 Feature，第一次使用该方法时会返回第一个 Feature，再次调用会返回第二个 Feature，最后一个要素被遍历后再次调用该接口，则会返回 null。IFeatureClass.Search 方法的第二个参数设置为 false，也就是说每执行一次 IFeatureClass. NextFeautre 方法，上一条记录的 Feature 值都会保存在内存中，如程序代码 1-10 所示。

程序代码 1-10　查询属性表中的字段值

```
IFeatureCursor pFCursor = pFeatureClass.Search(pQueryfilter, false);
IFeature pFeature = pFCursor.NextFeature();
```

在遍历所有要素后，调用 pFeature.get_Value 方法获取属性表的时间字段值，如程序代码 1-11 所示。

程序代码 1-11　获取属性表的时间字段值

```
//遍历所有要素
for (int i = 0; i < fields.FieldCount; i++)
{
    //如果该值的字段名是以字母"T"开头的，就将该值添加到数组中
    if (fields.get_Field(i).Name.Substring(0, 1) == "T")
    {
        int fieldData = int.Parse(pFeature.get_Value(i).ToString());
        DataStruct1.DataList.Add(fieldData);
    }
}
pFeature = pFCursor.NextFeature();
```

1.5.3　创建 WebGIS 后台 REST 服务宿主

定义完后台 REST 服务接口、实现类以及后台 REST 服务方法后，还需要创建宿主程序。宿主程序用于发布 WebGIS 后台 REST 服务。在本书中，客户端通过 GET 方法请求服务。其中 baseAddress 为基址，包括 http 协议、主机地址和端口号，http 是 Web 专用的通信协议，允许不同架构上的客户端通过 http 调用服务，如程序代码 1-12 所示。

程序代码 1-12　启动后台 REST 服务

```
try
{
    DataInfoQueryServices service = new DataInfoQueryServices();
    Uri baseAddress = new Uri("http://127.0.0.1:7789/");
    WebServiceHost _serviceHost = new WebServiceHost(service, baseAddress);
    _serviceHost.Open();
    Console.WriteLine("Web 服务已开启...");
    Console.WriteLine("输入任意键关闭程序！");
    Console.ReadKey();
    _serviceHost.Close();
```

第 1 章　WebGIS 与 ECharts 开发环境配置

```
        }
        catch (Exception ex)
        {
            Console.WriteLine("Web 服务开启失败：{0}\r\n{1}", ex.Message, ex.StackTrace);
            Console.ReadLine();
        }
```

启动后台 REST 服务后的效果如图 1-8 所示。

图 1-8　启动后台 REST 服务后的效果

通过浏览器访问后台 REST 服务的效果，如图 1-9 所示。

图 1-9　通过浏览器访问后台 REST 服务的效果

1.6　OpenLayers 与 ECharts 的结合开发

1.6.1　ECharts、jQuery 及 OpenLayers 开发库的下载

打开 ECharts 官网，找到并单击 "下载"，选择 4.6.0 版本，单击 Source（Signature SHA512），如图 1-10 所示，即可下载 ECharts 安装包，解压缩后，将其中的 ECharts.min.js 文件复制到 1.5.2 节创建的 ECharts 文件夹中。

图 1-10　下载 ECharts 安装包

打开 jQuery 官网，在右侧找到并单击"Download jQuery"按钮，之后找到 jQuery 下载地址，右键单击"Download the compressed, production jQuery 3.4.1"，如图 1-11 所示，可将 jQuery 安装包保存到 jQuery 文件夹中。

图 1-11　jQuery 下载

打开 OpenLayers 官网，向下滑动，找到并单击"Get the Code"按钮，如图 1-12 所示，选择并下载 v6.2.1-dist.zip，如图 1-13 所示（注：不同时期网页内容有可能不同），即可下载 OpenLayers 的安装包，解压缩后，将其中的 ol.css 文件和 ol.js 文件复制到 OpenLayers 文件夹中。

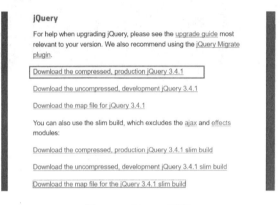

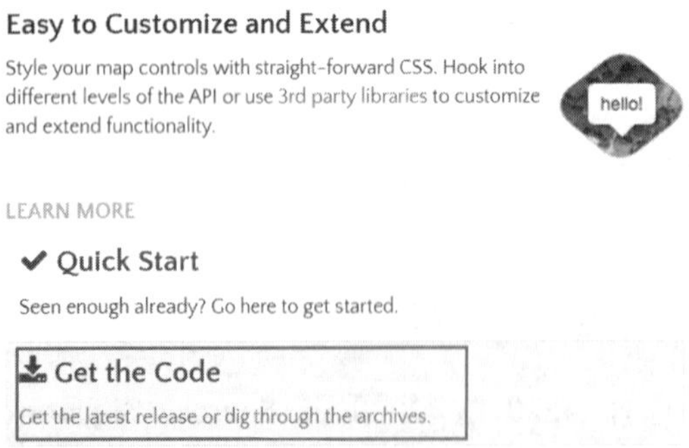

图 1-12　单击"Get the Code"按钮 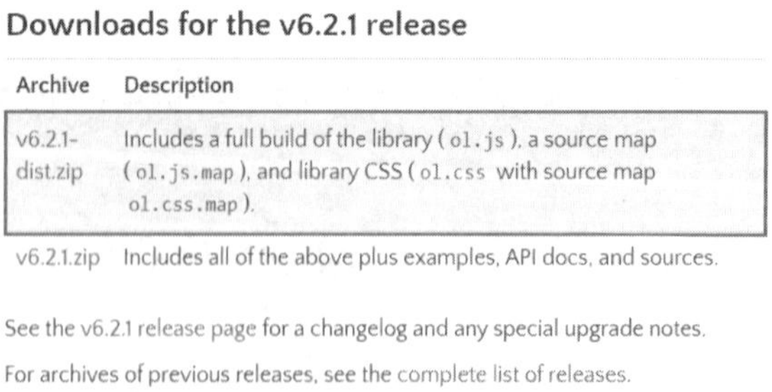　　　　图 1-13　选择并下载 v6.2.1-dist.zip 安装包

1.6.2 设置 ECharts 图形

使用直接引用的方法，可以通过<link>标签在 HTML 页面中引用 ol.css 样式，同样也可以通过<script>标签在 HTML 页面中引用 ECharts.min.js 类库、jquery-3.4.1.min.js 类库和 ol.js 类库，如程序代码 1-13 所示。

程序代码 1-13　引用类库

```
<link rel="stylesheet" href="..\lib\OpenLayers\ol.css" type="text/css">
<script src="..\lib\ECharts\ECharts.min.js"></script>
<script src="..\lib\jQuery\jquery-3.4.1.min.js"></script>
<script src="..\lib\OpenLayers\ol.js"></script>
```

基于准备好的 DOM，初始化 ECharts 实例，ECharts.init 可用于创建一个 ECharts 实例。注意，不能在单个容器上初始化多个 ECharts 实例。在 option 设置完之后，必须指定使用的配置项和数据显示图表，即添加语句"myChart1.setOption(option);"。在设置 option 中的参数之前，可以通过 getElementById()来访问"lineChart"元素。

使用 jQuery 的 getJSON 方法，可以通过 http://127.0.0.1:7789/getLineData1 网址调用后台 REST 服务，通过回调函数的参数 res 获得后台返回的 JSON 数据。使用 console.log 方法可以在调试窗口中显示 res 的值，方便查找 JavaScript 程序的语法或者逻辑错误，如程序代码 1-14 所示。其实，JavaScript 语言默认是没有 console 对象的。console 对象是浏览器提供的内置对象，用于访问调试控制台，在不同的浏览器里效果可能不同。console 对象的常用功能有两个：一是显示网页代码运行时的错误信息；二是提供了一个用来与网页代码互动的命令行接口。

程序代码 1-14　初始化 ECharts 实例并调用后台 REST 服务

```
var myChart1 = ECharts.init(document.getElementById("lineChart"));
$.getJSON("http://127.0.0.1:7789/getLineData1", function (res) {
    console.log(res);
}
```

为了生成 ECharts 折线图，这里将 ECharts.option 中的 Data 数据设置成 2019—2020 年发生的新冠肺炎疫情数据，其中 option 是对象，可以以键值对的形式设置该对象的属性。通过修改 name、axisLabel 等参数可以设置 x、y 轴样式，相关参数说明如下：

xAxis.type：坐标轴类型。其中，value 表示数值轴，适用于连续数据；category 表示类目轴，适用于离散的类目数据，当该参数设置为 category 时必须通过 data 设置类目数据；time 表示时间轴，适用于连续的时序数据，与数值轴相比，时间轴带有时间的格式化，在刻度计算上也有所不同，例如会根据跨度的范围来决定使用月、星期、日或小时范围的刻度；log 表示对数轴，适用于对数数据。

xAxis.name：x 轴名称。

xAxis.axisLabel：用于 x 轴刻度标签的相关设置。通过设置 axisLabel.rotate 可以控制刻度标签的旋转角度，在类目轴的类目标签显示不下时可以通过旋转来防止标签之间的重叠，旋转的角度为-90°～90°。

xAxis.axisLine：x 轴的坐标轴线。通过 xAxis.axisLine.lineStyle 中的 color、width 参数可

以设置 x 轴的坐标轴线颜色和宽度。其中，color 可以使用 RGB 表示，如"rgb(128, 128, 128)"，如果想要加上 alpha 通道来表示不透明度，则可以使用 RGBA，如"rgba(128, 128, 128, 0.5)"；也可以使用十六进制格式来表示 color，如"#cccfff"，该方式不仅支持纯色，也支持渐变色和纹理填充。xAxis.axisLine.lineStyle.width 表示 x 轴的坐标轴线宽度。

以上参数的具体设置如程序代码 1-15 所示。

程序代码 1-15　设置 x、y 轴样式

```
option={
    xAxis: [{
        type: 'category',
        /*设置 x 轴的名称*/
        name:"日期",
        axisLabel:{
            rotate:60,
            textStyle:{
                color:'black',
            }
        },
        axisLine:{
            lineStyle:{
                color:"black",
                width:'2'
            }
        },
        data: res.DateList,
    }],
    yAxis: [{
        type: 'value',
        /*设置 y 轴的名称*/
        name:"确诊人数",
        axisLabel:{
            rotate:60 ,
            textStyle:{
                color:'black',
            }
        },
        axisLine:{
            lineStyle:{
                color:"black",
                width:'2'
            }
        },
    }],
};
```

在 series 中，可以通过修改 lineStyle、itemStyle 等参数来设置图形样式，具体参数说明如下：
data：调用后台 REST 服务返回的 res.DataList。

type：值为 line，表示折线图。折线图是用折线将各个数据点连接起来的图表，用于展现数据的变化趋势，可用于直角坐标系和极坐标系。

lineStyle：通过 color 参数设置折线的颜色。

itemStyle：通过 color 参数设置数据项的颜色。

以上参数的具体设置如程序代码 1-16 所示。

程序代码 1-16 设置图形样式

```
series: [{
    data: res.DataList,
    type: 'line',
    lineStyle:{color:"green"},       //线条的样式设置
    itemStyle:{color:"red"}          //数据点的样式设置
}]
```

设置完 ECharts 折线图的样式之后，还需要对 html 图形容器的样式进行设置。

width：用于设置宽度，可采用像素或百分比的形式来设置。

height：用于设置高度，可采用像素或百分比的形式来设置。

margin-bottom：用于设置元素的下外边距，可采用像素或百分比的形式来设置。

border：用于在一个声明中设置所有边框属性，可以按 border-width、border-style、border-color 的顺序设置属性，如果不设置其中的某个值，也不会出问题。

position：用于把元素放置到一个静态的、相对的、绝对的或固定的位置中，默认值为 static 的元素。将 position 设置为 static 的元素时，它始终会处于页面给定的位置（会忽略 top、bottom、left 或 right 声明）；将 position 设置为 relative 的元素时，可将该元素移至相对于其正常位置的地方；将 position 设置为 absolute 的元素时，可定位于相对于该元素的指定坐标，该元素的位置可通过 left、top、right 及 bottom 属性来规定；将 position 设置为 fixed 的元素时，可定位于相对于浏览器窗口的指定坐标，该元素的位置可通过 left、top、right 及 bottom 属性来规定，不论窗口滚动与否，该素都会留在那个位置。需要注意的一点是，当宽度和高度都设为 100%时，position 只能设置为 absolute 的元素。

bottom：用于设置元素的底部边缘，可以定义该元素下外边距边界与其包含块下边界之间的偏移。默认值为 auto，可通过浏览器计算底部位置；当 bottom 取值为百分比的形式时，可以设置以包含元素的百分比来计算底部位置，可使用负值；当 bottom 的取值为 length 形式时，可以使用 px、cm 等单位设置元素的底部位置，可使用负值；当 bottom 的取值为 inherit 时，可以从父元素继承 bottom 的值。如果 position 的值为 static 的元素，那么设置的 bottom 不会产生任何效果。

以上参数的具体设置如程序代码 1-17 所示。

程序代码 1-17 设置图形容器的样式

```
#line1{
    width: 410px;
    height:350px;
    margin-bottom: 30px;
    border: 1px,solid black;
    position: absolute;
```

```
    bottom: 0;
}
```

1.6.3 通过 OpenLayers 加载地图

我们在 1.6.2 节中引入了 ol.js 类库，ol 是一个专为 WebGIS 客户端开发提供的 JavaScript 类库包，用于访问按标准格式发布的地图数据。通过 ol.layer.Tile 类（该类是一个瓦片图层类，用来承载瓦片资源）和 ol.Map 类（该类是一个地图容器类）可以加载并设置地图的样式，具体参数说明如下：

title：用于设置地图标题。

source：表示数据源类型，本书使用的数据源类型是 ol.source.XYZ，可以通过 url 和 wrapX 设置服务地址及地图在 x 轴方向是否重复，当 wrapX 为 true 时，不限制图层在 x 轴上的重复；当 wrapX 为 false 时，限制图层在 x 轴上的重复。

layers：用于设置地图图层。

view：地图视图，可以通过 ol.View 构造函数中的 center、projection、zoom、maxResolution 属性分别设置地图视图的中心坐标、地图投影、地图视图的缩放级别、最大分辨率。其中 EPSG:3857 表示墨卡托投影。

target：用于指定地图所在网页 div 元素的 id，例如程序代码 1-18 中的 "map"。如果在构建时未指定 target，则必须调用 ol.Map 类的 setTarget 方法来绘制地图。

以上参数的具体设置如程序代码 1-18 所示。

程序代码 1-18　加载地图

```
var TDiMapLayer = new ol.layer.Tile({
    title:"天地图地形图底图",
    source: new ol.source.XYZ({
        url:'http://t0.tianditu.com/DataServer?T=ter_w&x={x}&y={y}&l={z}&
                        tk=3ce2121bad3f4deed441d31447f23a32',wrapX:true
    })
});
var map = new ol.Map({
    layers: [TDiMapLayer],
    view: new ol.View({
        center: [0, 0],
        projection: 'EPSG:3857',
        zoom: 1,
        maxResolution: 156543.033928040625
    }),
    target: 'map'
});
```

上面的代码通过 OpenLayers 加载了地形图底图，接下来还需要美化地图的样式。为了在网页上全屏显示地图，将地图的宽度和高度设置为 100%，将地图的位置设为绝对位置，如程序代码 1-19 所示。

程序代码 1-19　设置地图的宽度、高度和位置

```
#map{
    width:100%;
    height: 100%;
    position: absolute;
}
```

1.6.4　与 OpenLayers 地图不联动的 ECharts 折线图

1.6.2 节和 1.6.3 节分别实现了 ECharts 图形的设置和通过 OpenLayers 加载地图，这里只需要将 ECharts 图形样式中 z-index 的值设置为 1，即可将折线图叠加在地图上，从而实现 OpenLayers 与 ECharts 的联动，如程序代码 1-20 所示。

z-index 用于设置元素的堆叠顺序，拥有更高堆叠顺序的元素是处于堆叠顺序较低的元素。z-index 的默认值为 auto，表示堆叠顺序与父元素相等。当 z-index 的取值为 number 时，number 表示元素的堆叠顺序；当 z-index 的取值为 inherit 时，表示继承父元素的 z-index 值。z-index 仅在定位元素时有效（如 position 取 absolute 时），元素可采用负的 z-index 值。

程序代码 1-20　设置折线图为叠置层

```
#lineChart {
    width: 400px;
    height: 300px;
    border: 1px, solid black;
    z-index: 1;
}
```

1.6.5　与 OpenLayers 地图联动的 ECharts 折线图

在 1.6.2 节和 1.6.3 节的基础上，首先创建一个 div 标签，并将该标签添加到 map 的 div 标签中；然后通过 Overlay 类中的 position、positioning、offset 来分别设置折线图的位置、对齐方式、偏移量，当 Overlay 类中的 stopEvent 为 false 时，在 ECharts 图形上滚动、单击、拖动鼠标可以对地图进行缩放，Overlay 中的 element 用于设置需要承载 ECharts 折线图 div 的 id，即 lineChart；最后通过 addOverlay 方法将 ECharts 折线图添加到地图容器中，从而实现地图与折线图的联动，如程序代码 1-21 所示。

程序代码 1-21　实现折线图和地图的联动

```
//创建一个 div
var chartDiv = '<div id="lineChart"></div>';
//将该 div 添加到 map 的 div 中
$("#map").append(chartDiv);
var chart = new ol.Overlay({
    //设置位置
    position: ol.proj.fromLonLat([116, 30]),
    //设置居中显示
    positioning: 'center-center',
    offset: [-60, -60],
```

```
        stopEvent: false,
        //设置需要承载 ECharts 折线图 div 的 id
        element: document.getElementById("lineChart")
});
//将 ECharts 折线图添加到地图容器中
map.addOverlay(chart);
```

第 2 章 大数据图形可视化之折线图

2.1 基础折线图

基础折线图通常用来对两个连续变量的依赖关系进行可视化，其具体实现见 1.6.1 节、1.6.2 节和 1.6.5 节，这里不再赘述。

2.2 基础面积折线图

基础面积折线图是基础折线图与 x 轴之间的区域被填充之后形成的图形，它可以直观地表现出数据的整体变化。

在基础折线图的基础上，通过设置 areaStyle.color 属性，即可绘制出基础面积折线图，如程序代码 2-1 所示。

程序代码 2-1　添加 areaStyle 属性

```
series: [{
    data: res.DataList,
    type: 'line',
    lineStyle: { color: "green" },      //线条的样式设置
    itemStyle: { color: "red" },        //数据点的样式设置
    areaStyle: { color: "skyblue" }     //线填充区域的样式设置
}]
```

2.3 光滑折线图

光滑折线图和基础折线图都能表示数据的变化趋势，但基础折线图给人的感觉比较生硬、不美观。在基础折线图的基础上，通过设置 smooth 属性，即可使折线变得光滑，看起来美观、舒服，如程序代码 2-2 所示。

smooth 表示是否平滑曲线。如果 smooth 的值是 boolean 类型的，则表示是否开启平滑处理（true 表示开启，false 表示不开启）。如果 smooth 的值是 number 类型的（取值范围为 0~1），则表示平滑程度，值越小表示越接近于折线段，值越大表示越接近于光滑曲线。当 smooth 的值设为 true 时，相当于设为 0.5。

程序代码 2-2　添加 smooth 属性

```
series: [{
    data: res.DataList,
    type: 'line',
    lineStyle: { color: "green" },         //线条的样式设置
    itemStyle: { color: "red" },           //数据点的样式设置
    smooth: true
}]
```

2.4　堆积面积折线图

堆积面积折线图可以显示每个数值所占大小随时间或类别变化的趋势，它可强调某个类别相较于其他数值的趋势，能够突出每个类别所占据的面积，帮助用户把握整体趋势。堆积面积折线图不仅可以表示数量的多少，也可以表示同一事物在不同时间里的发展变化的情况，还可以纵向与其他类别进行比较，能够直观地反映出差异。

由于本节以 COVID-19 国内疫情数据中湖北省的确诊人数、死亡人数、治愈人数来制作堆积面积折线图，所以需要定义一个新类——Line_DataStruct2。只需要在 1.5.1 节的定义类的方法基础上添加成员 DataList_confirmed、DataList_death、DataList_recovered、TypeList，并在构造函数中实例化这些成员即可得到所需的新类，如程序代码 2-3 所示。

程序代码 2-3　定义新类和新成员，并在构造函数中实例化成员

```
[DataContract]
public class Line_DataStruct2
{
    [DataMember]
    public List<double> DataList_confirmed { get; set; }
    [DataMember]
    public List<double> DataList_death { get; set; }
    [DataMember]
    public List<double> DataList_recovered { get; set; }
    [DataMember]
    public List<string> DateList { get; set; }
    [DataMember]
    public List<string> TypeList { get; set; }
    public Line_DataStruct2()
    {
        DataList_confirmed = new List<double>();
        DataList_death = new List<double>();
```

```
            DataList_recovered = new List<double>();
            DateList = new List<string>();
            TypeList = new List<string>();
        }
    }
```

完成新类的定义和成员的实例化后,还需要设置调用的函数,只需要将 1.5.1 节的"getLineData1"改为"getLineData2"即可。在数据处理部分,添加 ECharts 中图例所需的类型,即 TypeList,如程序代码 2-4 所示。虽然本节与 1.5.2 节创建后台 REST 服务接口的方法相同,但获取数据的方式发生了变化,在 1.5.2 节中,只需要访问一个 shp 文件,就可以通过文件所在的路径直接访问数据;本节要访问 3 个 shp 文件,因此需要通过 for 循环依次访问这 3 个文件。在访问 shp 文件之前,首先将 HBconfirmed_0302、HBdeath_0302、HBrecovered_0302 这 3 个 shp 文件名放进一个长度为 3 的数组 layers 中,如程序代码 2-5 所示,打开这 3 个 shp 文件之后,采用与 1.5.2 节相同的处理数据方法对相应的字段名和字段值进行处理;然后通过 if 语句将相应文件中的数据放入对应的数组中,如程序代码 2-6 所示。

程序代码 2-4　添加类型

```
/*添加类型*/
dataStruct2.TypeList.Add("确诊人数");
dataStruct2.TypeList.Add("死亡人数");
dataStruct2.TypeList.Add("治愈人数");
```

程序代码 2-5　将 3 个 shp 文件放入数组

```
string[] layers=new string[3]{"HBconfirmed_0302","HBdeath_0302","HBrecovered_0302"};
for (int n = 0; n < layers.Length; n++)
{
    IFeatureClass pFeatureClass = pFeatWS.OpenFeatureClass(layers[n]);
}
```

程序代码 2-6　将相应文件中的数据放入对应的数组中

```
if (n == 0)
{
    dataStruct2.DataList_confirmed.Add(fieldData);
}
else if (n == 1)
{
    dataStruct2.DataList_death.Add(fieldData);
}
else
{
    dataStruct2.DataList_recovered.Add(fieldData);
}
```

本节的宿主程序可以直接使用 1.5.3 节的宿主程序。

完成后台 REST 服务后,在 1.6 节的基础上修改 ECharts 中的 option 部分,即可在前端网页上渲染出堆积面积折线图，相关参数的说明如下。

tooltip：tooltip 是提示框组件，可以设置在全局中、坐标系中、系列中、系列的每个数据项中。tooltip.trigger 属性表示触发类型，当取值为 axis 时，表示轴触发，即鼠标悬停在柱状图上时，显示悬停位置上的全部数据，主要用于柱状图、折线图等使用类目轴的图表；当取值为 item 时，表示数据项图形触发，即鼠标移动到具体 item 上时，显示相应的数据，主要用于散点图、饼图等无类目轴的图表；当取值为 none 时，什么都不触发。Tooltip.axisPointer 是坐标轴指示器配置项，其 type 的值可以设置为 line（直线指示器）、cross（十字准星指示器）、shadow（阴影指示器）、none（无指示器）。

grid：表示直角坐标系网格，其中 grid.left、grid.right、grid.bottom 分别表示 grid 到容器左侧、右侧、底部的距离，这三个属性的值可以是具体像素，如 20；也可以是相对于容器宽度的百分比，如 20%；还可以是 left、center、right。如果 grid.left 的值为 left、right、center，组件则会根据相应的位置自动对齐。grid.containLabel 表示 grid 区域是否包含坐标轴的刻度标签，当 grid.containLabel 取值 false 时，grid.left、grid.right、grid.top、grid.bottom、grid.width、grid.height 决定的是由坐标轴形成的矩形尺寸和位置；当 grid.containLabel 取值 true 时，grid.left、grid.right、grid.top、grid.bottom、grid.width、grid.heightgrid 决定的是包括坐标轴标签在内的有内容形成的矩形位置，常用于防止标签溢出的场景。标签溢出是指当标签长度动态变化时，可能会溢出容器或者覆盖其他组件。

xAxis.boundaryGap 表示的是坐标轴两边留白策略，类目轴和非类目轴的设置和表现不一样。类目轴中 xAxis.boundaryGap 可以配置为 true 和 false，默认值为 true，这时刻度只是分隔线，标签和数据点都会在两个刻度之间的带中间。非类目轴包括时间轴、数值轴、对数轴，xAxis.boundaryGap 是一个包含 2 个数值的数组，分别表示数据最小值和最大值，可以直接设置为数值或者相对的百分比。

以上参数的具体设置如程序代码 2-7 所示。

程序代码 2-7　设置容器样式

```
option = {
    //title:{
    //    text:"堆积面积折线图"
    //},
    tooltip:{                      //提示框组件
        trigger:"axis",            //触发类型；轴触发，鼠标悬停在柱状图上时会显示悬停位置上的全部数据
        axisPointer:{              //坐标轴指示器，坐标轴触发有效
            type:"cross",          //默认为 line，line 表示直线指示器，cross 表示十字准星指示器，shadow 表示阴影指示器
        }
    },
    grid:{
        left:'3%',                 //组件到容器左侧的距离，可用百分比字符串或整型数字表示
        right:'4%',                //组件到容器右侧的距离，可用百分比字符串或整型数字表示
        bottom:'3%',               //组件到容器底部的距离，可用百分比字符串或整型数字表示
        containLabel:true          //当取值为 true 时，grid 区域包含坐标轴的刻度标签
    },
```

```
    xAxis:[{
        type:'category',
        boundaryGap: false,
        data: res.DateList
    }],
    yAxis: [{
        type: 'value'
    }],
}
```

在 series 中,可设置三条折线的样式及调用的数据,折线样式的设置请参照 1.6.2 节,调用的数据分别是 DataList_confirmed、DataList_death、DataList_recovered,相关参数的具体说明如下:

symbol:表示数据项的标记图形。ECharts 提供的标记类型包括 circle、rect、roundrect、triangle、diamond、pin、arrow、none。既可以通过"image://url"将图标设置为图片,其中 url 为图片的链接;也可以通过"path://"将图标设置为任意的矢量路径,这种方式与使用图片的方式相比,不用担心因为缩放而产生锯齿或模糊,而且可以设置为任意颜色,矢量路径会自适应调整为合适的大小。

symbolSize:表示标记的大小,既可以设置成单一的数字,如 10;也可以用数组分开表示宽和高,如[20, 10]表示标记宽为 20、高为 10。

stack:表示数据堆叠,同一个类目轴上的所有系列都配置相同的 stack 值后,后一个系列的值会加到前一个系列的值上。

label:表示图形上的文本标签,可用于说明图形的一些数据信息,如值、名称等。通过 label.normal.show 可以设置是否显示折线上的数据项,当 show 取值为 true 时,表示显示折线上的数据项。由于本节使用的数据较多,呈现出的效果不理想,所以设置为不显示折线上的数据项。在数据比较少的情况下,读者可以试着设置这个属性,查看其效果。

legend:legend 值可通过后台 REST 服务返回的结果对象中的 TypeList 获取,通过 legend.textStyle.color 可以将文字颜色设置为黑色,通过 legend.top 可以将位置和顶部的距离设置为 25。

以上参数的具体设置如程序代码 2-8 所示。

程序代码 2-8 设置图形样式

```
series: [{
    name:"确诊人数",
    type: 'line',
    symbol: "circle",
    symbolSize: 2,
    lineStyle: { color: "#48D1CC" },         //线条样式的设置,颜色为中绿宝石色
    itemStyle: { color: "#48D1CC" },         //数据点样式的设置,颜色为中绿宝石色
stack:"总量",
    //label:{
    //     normal:{
    //         show:true,
```

```
            //        position:"top"
            //     }
            //},
            areaStyle:{},
            data: res.DataList_confirmed
    },
    {
        name:"死亡人数",
        type: 'line',
        symbol: "circle",
        symbolSize: 2,
        lineStyle: { color: "rgb(255,192,203)" },    //线条样式的设置，颜色为粉红色
        itemStyle: { color: "rgb(255,192,203)" },    //数据点样式的设置，颜色为粉红色
        stack:"总量",
        areaStyle:{},
        data: res.DataList_death
    },
    {
        name:"治愈人数",
        type: 'line',
        symbol: "circle",
        symbolSize: 2,
        lineStyle: { color: "skyblue" },              //线条样式的设置，颜色为天蓝色
        itemStyle: { color: "skyblue" },              //数据点样式的设置，颜色为天蓝色
        stack:"总量",
        areaStyle:{},
        data: res.DataList_recovered
    }],
    legend: {
        data:res.TypeList
        textStyle: {
            color: 'black',
        },
        top: 25
    }
```

2.5 堆积折线图

　　堆积折线图用于显示每一数值的大小随时间或有序类别而变化的趋势。在折线图中，数据系列是相互独立的，而在堆积折线图中，第一个数据系列和折线图中的显示是一样的，而第二条折线上的值是第二个数据系列的值和第一个数据系列的值在同一分类（或时间上）上的累积，第三条折线上的值是前三个数据系列的累积。堆积折线图可以显示多个数据系列在同一分类（或时间上）的值的总和的变化趋势。只需要在 2.4 节的基础上去掉 series.areaStyle 属性，就可得到堆积折线图。

2.6 大数据量面积图

当数据量较大时,使用普通折线图会出现列不够用的情况。通过设置 dataZoom 中的参数,可展示全部数据,并可通过滚轮进行缩放,从而浏览部分数据。

大数据量面积图的实现过程是先通过前端调用后台 REST 服务,再进行网页渲染。后台 REST 服务可以使用 1.5 节的后台 REST 服务,唯一的不同在于所调用的数据,本节只需要将文件 lineData1 替换为文件 HB_NewDeath0314 即可,如程序代码 2-9 所示。

程序代码 2-9 访问文件

```
string path = @"..\..\..\..\data_shp";
IFeatureWorkspace pFeatWS = pWorkspaceFactory.OpenFromFile(path, 0) as IFeatureWorkspace;
IFeatureClass pFeatureClass = pFeatWS.OpenFeatureClass("HB_NewDeath0314");
```

在 2.2 节的基础上,只需要设置 dataZoom 中的部分参数,即可实现缩放区域的设置,相关参数的说明如下:

dataZoom:dataZoom 组件用于区域缩放,从而可以关注数据细节、概览数据整体或者去除离群点。

type:有三种取值,分别为 inside、slider、select。当 type 为 inside 时,用户可以在坐标系上通过鼠标拖曳、鼠标滚轮、手指滑动(触屏上)来缩放或漫游坐标系;当 type 为 slider 时,有单独的滑动条,用户通过滑动条进行缩放或漫游;当 type 为 select 时,可通过提供一个选框进行数据区域的缩放。

handleIcon:用于设置手柄的图标形状,支持路径字符串,既可以通过"image://url"将图标设置为图片,其中 url 为图片的链接;也可以通过"path://"将图标设置为任意的矢量路径,这种方式与使用图片的方式相比,不用担心因为缩放而产生锯齿或模糊,而且可以设置为任意颜色,矢量路径会自适应调整为合适的大小。

handleSize:用于设置手柄的尺寸,既可以使用像素大小来设置,也可以使用相对于 dataZoom 组件宽度的百分比来设置。

handleStyle:用于设置手柄样式。其中,shadowBlur 用于设置图形阴影的模糊程度,该属性需要配合 shadowColor、shadowOffsetX、shadowOffsetY 一起设置图形的阴影效果;shadowColor 用于设置阴影颜色,支持的格式同 color;shadowOffsetX 用于设置阴影在水平方向上的偏移距离;shadowOffsetY 用于设置阴影在垂直方向上的偏移距离。

以上参数的具体设置如程序代码 2-10 所示。

程序代码 2-10 设置缩放区

```
dataZoom:[
    {
        type:"inside",
        start:0,
        end:10
    },
```

```
        {
            start:0,
            end:10,
            //手柄的图标形状，支持路径字符串
            handleIcon:  'M10.7,11.9v-1.3H9.3v1.3c-4.9,0.3-8.8,4.4-8.8,9.4c0,5,3.9,9.1,8.8,9.4v1.3h1.3v-1.3c4.9-0.3,
8.8-4.4,8.8-9.4C19.5,16.3,15.6,12.2,10.7,11.9zM13.3,24.4H6.7V23h6.6V24.4z M13.3,19.6H6.7v-1.4h6.6V19.6z',
            handleSize:"80%",         //设置手柄的尺寸，可以使用像素大小来设置，也可以使用相对于
dataZoom 组件宽度的百分比来设置
            handleStyle:{
                color:"#fff",
                shadowBlur:3,        //图形阴影的模糊程度，该属性配合 shadowColor、shadowOffsetX 和
shadowOffsetY 一起设置图形的阴影效果
                shadowColor:"rgba(0,0,0,0.6)",   //阴影颜色，支持的格式同 color
                shadowOffsetX:2,              //阴影在水平方向上的偏移距离
                shadowOffsetY:2               //阴影在垂直方向上的偏移距离
            }
        }
    ],
```

　　为了得到符合需要的图形样式，只需要设置 series 中的部分参数即可，相关参数的说明如下：

　　sampling：当折线图的数据量远大于像素点时，则应当采用降采样策略，开启该策略后可以有效地优化图表的绘制效率，该策略在默认情况下是关闭的，也就是全部绘制。sampling 的取值包括 average（取过滤点的平均值）、max（取过滤点的最大值）、min（取过滤点的最小值）、sum（取过滤点的和）。

　　color：如果需要使用渐变色，则可以通过 ECharts 内置的渐变色生成器 ECharts.graphic.LinearGradient 来实现线性渐变色。从程序代码 2-11 中可以看到，使用渐变色生成器时传入了 5 个参数，前 4 个参数用于配置渐变色的起止位置，这 4 个参数依次对应右、下、左、上四个方位，范围为 0～1，相当于在图形包围盒中的百分比，而"０ ０ ０ １"则代表渐变色从正上方开始；第 5 个参数是一个数组，用于配置颜色的渐变过程，该数组包含 offset 和 color 两个参数，数组中的每一参数都是一个对象，offset 的范围为 0～1，用于表示位置，offset 为 0 表示 color 的 0% 处的颜色，offset 为 1 表示 color 的 100%处的颜色。

　　以上参数的具体设置如程序代码 2-11 所示。

程序代码 2-11　设置图形样式

```
series: [{
    name:"总计死亡人数",
    type: 'line',
    smooth:true,
    symbol:"none",
    sampling:"average",
    itemStyle:{
        color:"rgb(255,70,131)"
    },
    areaStyle:{
```

```
            color:new ECharts.graphic.LinearGradient(0,0,0,1,[{
                offset:0,           //表示 color 的 0% 处的颜色
                color:"rgb(255,158,68)"
            },
            {
                offset:1,           //表示 color 的 100% 处的颜色
                color:"rgb(255,70,131)"
            }])
        },
        data: res.DataList
}],
```

2.7 关系坐标图

关系坐标图反映的是某一种数据在某个时刻会引起另一种数据在相同时刻的变化。例如，新增死亡人数与总计死亡人数，当新增死亡人数变化时，必定会引起总计死亡人数的变化。

本节直接调用 2.6 节的后台 REST 服务，前端只需要修改 ECharts 中 option 的部分参数即可，参数说明如下：

axisPointer.link：用于设置不同轴 axisPointer 之间的联动。联动表示轴能同步地变化。轴是依据它们的 axisPointer 对应的值来联动的，link 是一个数组，其中每一项表示一个 link group，一个 link group 中的坐标轴可以互相联动。xAxisIndex：使用的 x 轴的 index，用于单个图表实例中存在多个 x 轴的情况，可以设置为数字或 all，表示指定数字代表的 x 轴或者所有的 x 轴。

xAxis.gridIndex：x 轴所在的 grid 的索引，默认位于第一个 grid。

xAxis.data：先通过后台 REST 服务调用后台的 DateList，再通过调用 map()和 replace()将程序代码 2-12 中的"2020"字符串用空字符串替换。

以上参数的具体设置如程序代码 2-12 所示。

程序代码 2-12　设置 x 轴样式

```
axisPointer:{
    link:{xAxisIndex:"all"}
},
xAxis:[{
    type:'category',
    boundaryGap: false,         //坐标轴的两边留白
    axisLine: {onZero: true},   //x 坐标轴线在 y 轴的 0 刻度上
    data: res.DateList.map(function(str){return str.replace('2020','');})
},
{
    gridIndex:1,
    type:"category",
    boundaryGap: false,         //坐标轴的两边留白
    axisLine:{onZero:true},
    data:res.DateList.map(function(str){return str.replace('2020','');}),
```

```
        position:"top"
}],
```

通过 series 中的部分参数可以设置图形的样式，相关参数的说明如下：

hoverAnimation：表示是否开启 hover 在拐点标志上的提示动画效果。

xAxisIndex：使用的 x 轴的 index，用于单个图表实例中存在多个 x 轴的情况。

yAxisIndex：使用的 y 轴的 index，用于单个图表实例中存在多个 y 轴的情况。

设置图形样式的代码如程序代码 2-13 所示。

程序代码 2-13 设置图形样式

```
series: [
{
    name:"总计死亡人数",
    type: 'line',
    symbolSize:8,
    hoverAnimation:false,
    data: res.DataList_TotalDeath
},
{
    name:"新增死亡人数",
    type: 'line',
    xAxisIndex:1,
    yAxisIndex:1,
    symbolSize:8,
    hoverAnimation:false,
    data: res.DataList_NewDeath
}],
```

2.8 数值分段折线图

通过划分一定的数值范围，可以判断图中折线上每一个数据项属于哪个数值范围，从而反映该数据处于哪个数值分段。

本节在 2.7 节的基础上，只需修改 ECharts 的 option 中部分参数即可实现数值分段折线图，相关参数说明如下：

yAxis.splitLine：表示 y 轴在 grid 中的分隔线。yAxis.splitLine.show 表示 y 轴是否显示分隔线，默认显示数值轴，不显示类目轴。

dataZoom.startValue：数据窗口范围的 x 轴起始数值。如果设置了 dataZoom-inside.start，则 startValue 失效。dataZoom-inside.startValue 和 dataZoom-inside.endValue 共同使用绝对数值的形式定义数据窗口范围，如果轴的类型为 category，则 startValue 既可以设置为 axis.data 数组的 index，也可以设置为数组值本身。但如果设置为数组值本身，则会在内部自动转化为数组的 index。

以上参数的具体设置如程序代码 2-14 所示。

程序代码 2-14　设置 y 轴样式、缩放区域

```
yAxis:{
    splitLine:{
        show:false
    }
},
dataZoom:[
    {
        startValue:"2020211",
    },
    {
        type:"inside"
    }
],
```

visualMap：是视觉映射组件，用于视觉编码，也就是将数据映射到视觉元素（视觉通道）。视觉元素可以是 symbol（图元的图形类别）、symbolSize（图元的大小）、color（图元的颜色）、colorAlpha（图元的颜色透明度）、opacity（图元及其附属物，如文字标签的透明度）、colorLightness（颜色的明暗度）、colorSaturation（颜色的饱和度）、colorHue（颜色的色调）。在实际应用中，可以定义多个 visualMap，从而同时对数据中的多个维度进行视觉映射。

visualMap.top：表示 visualMap 组件到容器上侧的距离。top 的值可以是具体像素值，如 20，可以是相对于容器高宽的百分比，如 20%，还可以是 top、middle、bottom。

visualMap.right：表示 visualMap 组件到容器右侧的距离。right 的值可以是具体像素值，如 20，可以是相对于容器高宽的百分比，如 20%。

visualMap 组件可以是分段型（visualMapPiecewise）的，也可以是连续型（visualMapContinuous）的，通过 type 来区分。

visualMap.pieces：用于设置分段式视觉映射组件（visualMapPiecewise）的每一段的范围、每一段的文字，以及每一段的特别样式，也可以使用 lt（小于，littler than）、gt（大于，greater than）、lte（小于等于 littler than or equals）、gte（大于等于，greater than or equals）来表达边界，在每个 piece 中支持 visualMap 的所有可选视觉元素。

pieces.outOfRange：表示定义在选中范围外的视觉元素（读者可以和 visualMap 组件交互，用鼠标或触摸选择范围），它可选的视觉元素和 visualMapoutOfRange 可选的视觉元素一样。假如 visualMap-piecewise 控制的是散点图，那么 pieces.outOfRange 既定义了散点图的颜色、尺寸等，也定义了 visualMap-piecewise 本身的颜色、尺寸等。pieces.outOfRange 可以有多个视觉通道定义（如 color、symbolSize 等），这些视觉通道会被同时采用。一般来说，建议使用透明度（opacity），不使用颜色透明度（colorAlpha）。二者之间的细微差异在于，前者能同时控制图元中的附属物（如 label）的透明度，而后者只能控制图元本身颜色的透明度。

以上参数的具体设置如所程序代码 2-15 所示。

程序代码 2-15　设置视觉映射组件

```
visualMap:{
    top:20,
```

```
            right:10,
            pieces:[{
                gt:0,
                lte:50,
                color:"#096"
            },{
                gt:50,
                lte:100,
                color:"#ffde33"
            },{
                gt:100,
                lte:150,
                color:"#ff9933"
            },{
                gt:150,
                lte:200,
                color:"#cc0033"
            },{
                gt:200,
                lte:300,
                color:"#660099"
            },{
                gt:300,
                color:"#7e0023"
            }],
            outOfRange:{
                color:"#999"
            }
        },
```

series 中的相关参数说明如下：

markLine：图表标线。

markLine.silent：图形是否不响应和不触发鼠标事件，默认为 false，即响应和触发鼠标事件。

markLine.data：表示标线的数据数组。每个数组项都可以是一个两个值的数组，分别表示标线的起点和终点。每个数组项都是一个对象，指定起点或终点的位置方式为：通过 x 轴和 y 轴属性指定相对于容器的屏幕坐标，单位为像素，支持百分比；用 coord 属性指定数据在相应坐标系上的坐标位置，单个维度支持设置 min、max、average，可直接用 type 属性标注系列中的最大值和最小值，这时可以使用 valueIndex 或者 valueDim 指定是在哪个维度上的最大值、最小值、平均值；如果是笛卡儿坐标系，则可以通过只指定 xAxis 或者 yAxis 来实现 x 轴或者 y 轴为某值的标线，也可以直接通过 type 设置该标线的类型是最大值的线还是平均线，同样，还可以通过使用 valueIndex 指定维度。图形样式的设置代码如程序代码 2-16 所示。

程序代码 2-16　设置图形样式

```
series: {
```

```
            name:"湖北省死亡人数指数",
            type:'line',
            data:res.DataList,
            markLine:{
                silent:true,
                data:[{
                    yAxis:50
                },{
                    yAxis:100
                },{
                    yAxis:150
                },{
                    yAxis:200
                },{
                    yAxis:300
                }],
            }
        }
```

2.9 梯度变化折线图

使用梯度变化折线图可以反映出数据系列在 x 轴或 y 轴上的梯度。在 2.7 节的基础上，只需要修改 ECharts 中 option 的部分参数即可实现梯度变化折线图，相关参数如下：

visualMap.type：当 visualMap.type 为 continuous 时，表示连续型视觉映射组件。

visualMap.show：是否显示 visualMap-continuous 组件，如果设置为 false，则不显示，但数据映射的功能还存在。

visualMap.seriesIndex：指定取哪个系列的数据，即哪个系列的 series.data，默认取所有的系列。

visualMap.min：指定 visualMapContinuous 组件允许的最小值，min 必须由用户指定。

visualMap.max：指定 visualMapContinuous 组件允许的最大值，max 必须由用户指定。[visualMap.min, visualMax.max]形成了视觉映射的定义域。

visualMap.dimension：指定将数据的哪个维度映射到视觉元素上，数据即 series.data，可以把 series.data 理解成一个二维数组。

以上参数的具体设置如程序代码 2-17 所示。

程序代码 2-17 设置视觉映射组件

```
visualMap:[{
    show:false,
    type:"continuous",
    seriesIndex:0,
    min:0,
    max:400
},{
```

```
            show:false,
            type:"continuous",
            seriesIndex:1,
            dimension:0,
            min:0,
            max:res.DateList.length-1
    }],
```

2.10 原生图形元素组件

当 ECharts 默认的工具栏组件不能满足实际需要时，通过原生图形元素组件可以生成满足实际所需的组件。

在 2.6 节的基础上，只需修改 ECharts 中的 option 的部分参数即可实现原生图形元素组件。graphic 中的相关参数说明如下：

graphic：是原生图形元素组件，可以支持的图形元素包括 image、text、circle、sector、ring、polygon、polyline、rect、line、bezierCurve、arc、group，只有 group 元素可以有子节点，以该 group 元素为根的元素树可以进行共同定位（共同移动）。原生图形元素组件可以只配一个图形元素，也可以配多个图形元素，还可以通过 setOption 来删除或更换已有的图形元素。注意，如果没有指定图形元素的 id，在第二次使用 setOption 时会按照图形元素在 option 中出现的顺序和已有的图形元素进行匹配，因此，推荐使用 id 来指定图形元素。

id：用于在更新图形元素时指定更新哪个图形元素，如果不需要指定图形元素则可以忽略。right 和 top 是图形元素相对于父元素的定位属性，每个属性既可设置为像素值或百分比，也可设置为 center 或 middle。

z：表示高度，用于指定图形元素的覆盖关系。

bounding：用于在定位图形元素时确定自身包围盒的计算方式。当 bounding 为 all 时（默认），表示用自身及子节点并且经过变换后的包围盒进行定位，这种方式可以使整体都限制在父元素范围中。当 bounding 为 raw 时，表示仅仅用自身（不包括子节点），以及没经过变换的包围盒进行定位，这种方式适合内容超出父元素范围的定位。

origin：表示旋转和缩放的中心点，默认值为[0, 0]。图形元素可以进行标准的 2D 变换，如平移、旋转、缩放。平移（position）的默认值是[0,0]，分别表示横向平移的距离和纵向平移的距离。旋转（rotation）的默认值是 0，表示旋转的弧度，正值表示逆时针旋转，负值表示顺时针旋转。缩放（scale）的默认值是[1,1]，分别表示横向缩放的倍数和纵向缩放的倍数。注意：在转换中设定的坐标都是相对于图形元素的父元素而言的，即 group 元素或者顶层画布的[0, 0]点。也就是说，可以使用 group 来组织多个图形元素，并且 group 可以嵌套。对于一个图形元素，变换执行的顺序是：缩放（scale）→旋转（rotation）→平移（position）。

opacity：表示图片的透明度。

children：表示子节点列表，其中的每一项都是一个图形元素定义。

rotation：表示旋转的弧度值默认为 0。正值表示逆时针旋转。当 children.left 为 center 时，表示相对于父元素水平居中；当 children.top 为 center 时，表示相对于父元素垂直居中。

shape：shape.width 表示图形元素的宽度，shape.height 表示图形元素的高度。
fill：表示文本的填充色。
font：表示文本的字体。
stroke：表示笔画颜色。
以上参数的具体设置如程序代码 2-18 所示。

程序代码 2-18　设置原生图形元素组件

```
graphic:[
    {
            type:"image",
            id:"logo",
            right:10,
            top:10,
            z:-10,
            bounding:"raw",
            origin:[75,75],
            style:{
                image:'http://ECharts.baidu.com/images/favicon.png',
                width:50,
                height:50,
                opacity:0.4
            }
    },
    {
            type:"group",
            rotation:Math.PI/4,
            bounding:"raw",
            right:63,
            bottom:65,
            z:100,
            children:[
                {
                    type:"rect",
                    left:"center",
                    top:"center",
                    z:100,
                    shape:{
                        width:300,
                        height:25
                    },
                    style:{
                        fill:"rgba(0,0,0,0.3)"
                    }
                },
                {
                    type:"text",
```

```
                    left:"center",
                    top:"center",
                    z:100,
                    style:{
                        fill:"#fff",
                        text:"ECHARTS BAR CHART",
                        font:"bold 16px Microsoft YaHei"
                    }
                }
            ]
        }
]
```

barCategoryGap：表示同一系列的柱间距离，默认为类目间距的 20%，也可设固定值。在同一坐标系上，此属性会被多个柱系列（如程序代码 2-19 中的 bar）共享。此属性应设置于此坐标系中最后一个柱系列上才会生效，并且对此坐标系中所有柱系列都生效，如程序代码 2-19 所示。

程序代码 2-19　设置图形样式

```
series: [{
    name:"新增死亡人数与总计死亡人数之间的关系",
    type: 'bar',
    smooth:true,
    barCategoryGap:25,
    lineStyle: {
        width:3,
        shadowColor:"rgba(0,0,0,0.4)",
        shadowBlur:10,
        shadowColor:10
    },
    data: res.DataList_NewDeath
}],
```

2.11　双 y 轴折线图

双 y 轴折线图可以将两种数据系列放置在同一个坐标系中，从而反映两者之间的关系。

由于本节以 COVID-19 国内疫情数据中的湖北省每日新增死亡人数和总计死亡人数作为制作双 y 轴折线图的数据，所以需要定义一个新类——Line_DataStruct3，这个新类只需要在 1.5.1 节定义的类的基础上添加 DataList_TotalDeath、DataList_NewDeath、TypeList 成员，并在构造函数中实例化这些成员即可，如程序代码 2-20 所示。

程序代码 2-20　添加新类和新成员，并在构造函数中实例化新成员

```
[DataContract]
public class Line_DataStruct3
{
```

```
    [DataMember]
    public List<double> DataList_TotalDeath { get; set; }
    [DataMember]
    public List<double> DataList_NewDeath { get; set; }
    [DataMember]
    public List<string> DateList { get; set; }
    [DataMember]
    public List<string> TypeList { get; set; }
    public Line_DataStruct3()
    {
        DataList_TotalDeath = new List<double>();
        DataList_NewDeath = new List<double>();
        DateList = new List<string>();
        TypeList = new List<string>();
    }
}
```

在 2.4 节的基础上，首先将本节调用的函数名改为 getLineData3；然后将 ECharts 中图例所需要的数据设为"新增死亡人数"和"总计死亡人数"，如程序代码 2-21 所示；接着将需要访问的两个 shp 文件 HBdeath_0302 和 HBdeath_NewPositive 放进一个长度为 2 的数组中，通过 for 循环依次访问这两个文件，如程序代码 2-22 所示，字段名和字段值的处理方法与 2.4 节中的方法一样；最后通过 if 语句，将相应文件中的数据存入对应的数组中，如程序代码 2-23 所示。

程序代码 2-21　添加类型

```
/*添加类型*/
dataStruct3.TypeList.Add("新增死亡人数");
dataStruct3.TypeList.Add("总计死亡人数");
```

程序代码 2-22　访问两个 shp 文件

```
IFeatureWorkspace pFeatWS = pWorkspaceFactory.OpenFromFile(path, 0) as IFeatureWorkspace;
string[] layers = new string[2] { "HBdeath_0302", "HBdeath_NewPositive" };
for (int n = 0; n < layers.Length; n++)
{
    IFeatureClass pFeatureClass = pFeatWS.OpenFeatureClass(layers[n]);
}
```

程序代码 2-23　保存查询到的数据

```
if (n == 0)
{
    dataStruct3.DataList_TotalDeath.Add(Math.Abs(Convert.ToDouble(pFeature.get_Value(i).ToString())));
}
else
{
    dataStruct3.DataList_NewDeath.Add(Math.Abs(Convert.ToDouble(pFeature.get_Value(i).ToString())));
}
```

在 2.4 节的基础上，本节的宿主程序也直接使用 1.5.3 节的宿主程序，完成后台 REST 服务后，只需要利用 option 中的部分属性设置图形样式即可，具体参数设置说明如下：

subtext：副标题文本，支持使用"\n"换行。

subtextStyle：副标题样式，可通过 subtextStyle.color 设置副标题颜色。

title.left：表示 title 组件离容器左侧的距离。left 的值既可以是具体的像素值，如 20；也可以是相对于容器高宽的百分比，如 20%；还可以是 left、center、right。如果 left 的值为 left、center、right，则组件会根据相应的位置自动对齐。

title.align：表示文字水平对齐方式，默认自动，可选 left、center、right。如果组件没有设置 align，则会取父层级的 align。

animation：表示是否开启动画，当 animation 为 false 时，表示关闭动画；当 animation 为 true 时，表示开启动画。

以上参数的具体设置如程序代码 2-24 所示。

程序代码 2-24　设置图形样式

```
option = {
    //title:{
    //    text:"新增总计死亡人数关系图",
    //    subtext:"数据来自人民日报",      //副标题
    //    subtextStyle:{
    //        color:"black"
    //    },
    //    left:"center",                //标题中心居中
    //    align:"right"                 //水平右对齐
    //},
    grid:{
        bottom:80                     //组件到容器下部的距离
    },
    tooltip:{                         //提示框组件
        animation:false,              //当 animation 为 true 时，开启动画；当 animation 为 false 时，关闭动画
        label:{
            backgroundColor: '#505765'  //十六进制颜色代码，"#505765"表示中等暗度的藏青色阴影
        }
    }
},
```

在 dataZoom 中，部分参数的说明如下：

dataZoom-inside.show：用于设置是否显示组件。如果设置为 false，则不会显示，但数据过滤的功能还存在。

dataZoom-inside.backgroundColor：用于设置组件的背景颜色。

dataZoom-inside.fillerColor：用于设置选中范围的填充颜色。

dataZoom-inside.borderColor：用于设置边框颜色。

realtime：用于设置实时显示，当它取值为 true 时，拖曳或单击时间轴会实时显示相应的数据。

start：用于设置数据窗口范围的起始百分比，范围为 0～100，表示 0%～100%。

end：用于设置数据窗口范围的结束百分比，范围为 0～100。start 和 end 共同用百分比的形式定义数据窗口范围。

以上参数的具体设置如程序代码 2-25 所示。

程序代码 2-25　设置区域缩放器的样式

```
dataZoom:[    //区域缩放控制器
    {
        show:true,
        backgroundColor:"rgba(47,69,84,0)",
        fillerColor:"#ADD8E6",
        borderColor:"AliceBlue",
        realtime:true,
        start:65,
        end:85
    },
    {
        type:"inside",    //slider 表示有滑动块，inside 表示内置，可在坐标系内进行拖曳，或者用滚轮（在触屏上可用两指）进行缩放
        realtime:true,
        start:65,
        end:85
    }
],
```

2.4 节已经设置了 xAxis 中的部分属性，本节需要的 xAxis 其他属性说明如下：

axisLine：坐标轴的轴线，其中 onZero 表示 x 轴或者 y 轴的轴线是否在另一个轴的 0 刻度上，只有在另一个轴为数值轴且包含 0 刻度时 axisLine 才有效。

nameLocation：坐标轴名称显示位置。可选 start、middle、center、end。

inverse：是否反转坐标轴。本节设置新增死亡人数在 y 轴左侧反转。

max：坐标轴刻度最大值。可以设置成特殊值 dataMax，此时取数据在该轴上的最大值作为最大刻度。不设置 max 时会自动计算最大值并保证坐标轴刻度的均匀分布。在类目轴中，也可以设置为类目的序数，当设置成函数形式时，可以根据函数计算得出的数据最大值和最小值设定坐标轴的最小值。

data：通过调用后台 REST 服务获取到的 DateList 数组。

以上参数的具体设置如程序代码 2-26 所示。

程序代码 2-26　设置 x、y 轴样式

```
xAxis:[{
    type:'category',
    boundaryGap: false,
    axisLine: {onZero: false},          /x 坐标轴线不在 y 轴的 0 刻度上
    data: res.DateList
}],
yAxis:[
```

```
        {
            name:"新增死亡人数（例）",
            nameLocation:"start",          //坐标轴名的位置
            type:"value",
            inverse:true,                  /在 y 轴
            max:500
        },
        {
            name:"总计死亡人数（例）",
            type:"value",
            max:5000
        },
    ],
```

yAxisIndex：使用的 y 轴的 index，用于单个图表实例中存在多个 y 轴的情况。yAxisIndex 可以取 0 或 1，当取 1 时，表示在 y 轴右侧显示总计死亡人数。

markArea：图表标域，表示图表中某个范围的数据。

markArea.silent：表示图形是否不响应和不触发鼠标事件，默认为 false，即响应和触发鼠标事件。当 markArea.silent 为 true 时，表示不触发鼠标事件。

markArea.data：markArea.data 是图表标域的数据数组，每个数组项是一个包含两个数的数组，分别表示图表标域左上角和右下角的位置，可通过下面几种方式指定位置：①通过 x 轴和 y 轴的属性来指定相对容器的屏幕坐标，单位为像素，也支持百分比的形式；②用 coord 属性指定数据在相应坐标系上的坐标位置，单个维度可设置 min、max、average；③直接用 type 属性标注系列中的最大值和最小值，可以使用 valueIndex 或者 valueDim 指定维度上的最大值、最小值、平均值；④如果是笛卡儿坐标系，则可以通过指定 xAxis 或者 yAxis 来实现 x 轴或者 y 轴的图表标域。

series.data：双 y 轴上的数据可分别通过后台 REST 服务返回的 res.DataList_TotalDeath 和 res.DataList_NewDeath 进行设置。

legend：legend 的具体介绍请参照 2.4 节，在使用 legend 时需要注意一点，即 legend 中所调用的数据必须和 series 中的 name 属性数据一致。

以上参数的具体设置如程序代码 2-27 所示。

程序代码 2-27　设置折线图填充区域的样式

```
series: [{
    name:"总计死亡人数",
    type: 'line',
    yAxisIndex: 1,//默认值为 0，用于单个图中存在多个 y 轴的场合。设置为 1 时表示绑定 1 轴（右边轴）
    animation: false,
    areaStyle: {},
    linStyle:{
        width:1
    },
    markArea:{         //ECharts 的图表标域由 markArea 属性设置，用于标记图表中某个范围的数据
        silent:true,   //设置标域是否不响应和不触发鼠标事件，默认为 false，即响应和触发鼠标事件
```

```
                data:[[
                    {
                        xAxis:"20200124",
                    },{
                        xAxis:"20200223"
                    }
                ]]
            },
            data: res.DataList_TotalDeath
        },
        {
            name:"新增死亡人数",
            type: 'line',
            animation: false,
            areaStyle: {},
            linStyle:{
                width:1
            },
            markArea:{
                silent:true,
                data:[[
                    {
                        xAxis:"20200124",
                    },{
                        xAxis:"20200223"
                    }
                ]]
            },
            data: res.DataList_NewDeath
        }],
        legend: {
            data:res.TypeList,
            textStyle: {
                color: 'black',
            },
            top:25
        }
```

2.12 显示最值和均值的折线图

通过折线图可以非常直观地看到数据中的一些特殊值,如最大值、最小值和均值等。在 2.6 节的基础上,只需要修改 ECharts 中 option 的部分参数即可实现折线图,相关参数说明如下:

markPoint:图表标注。

markPoint.data:标注的数据数组,每个数组项都是一个对象。通过 x、y 属性可以指定相对容器的屏幕坐标,单位为像素,也支持百分比的形式;通过 coord 属性可以指定数据在相应坐标系上的坐标位置,单个维度可设置为 min、max、average;通过 type 属性可以标注系列中的最大值、最小值,这时既可以使用 valueIndex 指定维度上的最大值、最小值、平均值,也可以使用 valueDim 指定维度上的最大值、最小值、平均值。

markPoint.data.type:特殊的标注类型,用于标注最大值、最小值等,min 表示最小值,max 表示最大值,average 表示平均值,name 表示标注名称。

以上参数的具体设置如程序代码 2-28 所示。

程序代码 2-28　设置图形样式

```
series: [{
    name:"新增死亡人数",
    type: 'line',
    data: res.DataList_NewDeath,
    markPoint:{
        data:[
            {type:"max",name:"最大值"},
            {type:"min",name:"最小值"}
        ]
    },
    markLine:{
        data:[
            {type:"average",name:"平均值"}
        ]
    }
},{
    name:"总计死亡人数",
    type:"line",
    data:res.DataList_TotalDeath,
    markPoint:{
        data:[
            {name:"53 天内最低",value:-2,xAxis:1,yAxis:-1.5}
        ]
    },
    markLine:{
        data:[
            {type:"average",name:"平均值"},
            [{
                symbol:"none",
                x:"90%",
                yAxis:"max"
            },{
                symbol:"circle",
                label:{
                    position:"start",
                    formatter:"最大值"
                },
```

```
            type:"max",
            name:"最高点"
        }]
    ]
  }
}],
```

2.13 阶梯折线图

阶梯折线图能够以阶跃的方式表达数值的变化,使得各部分的数据差别更加明显。在 2.5 节的基础上,只需要修改 ECharts 中 option 的部分参数即可实现阶梯折线图,相关参数如下:

step:是否是阶梯折线图,设置为 true 时表示阶梯折线图,设置为 start、middle、end 时,分别表示在当前点、当前点与下个点的中间点和下个点处拐弯,如程序代码 2-29 所示。

程序代码 2-29　设置图形样式

```
series: [{
    name:"确诊人数",
    type: 'line',
    step:"start",
    data: res.DataList_confirmed
},
{
    name:"死亡人数",
    type: 'line',
    step:"middle",
    symbol: "circle",
    data: res.DataList_death
},
{
    name:"治愈人数",
    type: 'line',
    step:"end",
    data: res.DataList_recovered
}],
```

2.14 自定义折线和数据项的样式

通过设置折线和数据项的样式可以使图形看起来更美观、数据更直观。在 2.1 节的基础上,只需要修改 ECharts 中 option 的部分参数即可自定义折线和数据项的样式,相关参数说明如下:

lineStyle.type:线的类型,可选 solid、dashed、dotted。
itemStyle.borderWidth:描边线的宽度,设置为 0 时表示无描边。

itemStyle.borderColor：图形描边的颜色，支持的颜色格式同 color，不支持回调函数。
以上参数的具体设置如程序代码 2-30 所示。

程序代码 2-30　设置图形样式

```
series: [{
    data: res.DataList,
    type: 'line',
    symbol: "triangle",
    symbolSize:20,
    lineStyle: {
        color: "green",
        width:4,
        type:"dashed"
    },
    itemStyle: {
        borderWidth:3,
        borderColor:"yellow",
        color: "blue"
    },
}]
```

2.15　双 x 轴折线图

使用双 x 轴折线图可以同时显示两组数据，以便进行对比。

本节以 COVID-19 国内数据中湖北省 2019 年 2 月 12 日至 2 月 22 日每日新增死亡人数和 2019 年 3 月 3 日至 3 月 13 日每日新增死亡人数作为制作双 x 轴折线图的数据，因此需要定义一个新类——Line_DataStruct4，只需要在 2.4 节的基础上添加 DataList_NewDeath0222、DataList_NewDeath0313、DateList0222、DateList0313 成员，并在构造函数中实例化这些成员即可，如程序代码 2-31 所示。

程序代码 2-31　添加新类和新成员，并在构造函数中实例化新成员

```
[DataContract]
public class Line_DataStruct4
{
    [DataMember]
    public List<double> DataList_NewDeath0222 { get; set; }
    [DataMember]
    public List<double> DataList_NewDeath0313 { get; set; }
    [DataMember]
    public List<string> DateList0222 { get; set; }
    [DataMember]
    public List<string> DateList0313 { get; set; }
    [DataMember]
    public List<string> TypeList { get; set; }
```

```
        public Line_DataStruct4()
        {
            DataList_NewDeath0222 = new List<double>();
            DataList_NewDeath0313 = new List<double>();
            DateList0222 = new List<string>();
            DateList0313 = new List<string>();
            TypeList = new List<string>();
        }
    }
```

在 2.6 节的基础上,首先将本节调用的函数名改为 getLineData5;然后将 ECharts 图表所需要的数据设为"0212-0222 每日新增死亡人数"和"0303-0313 每日新增死亡人数",如程序代码 2-32 所示;接着将需要访问的两个 shp 文件(HB_NewDeath0222 和 HB_NewDeath0313)放进一个长度为 2 的数组中,如程序代码 2-33 所示,通过 for 循环访问这两个文件,文件中的字段名和字段值的处理方法同 2.6 节一样,如程序代码 2-34 所示;最后通过 if 语句进行判断,将相应文件中的数据存入对应的数组中,如程序代码 2-35 所示。

程序代码 2-32　添加类型

```
/*添加类型*/
dataStruct4.TypeList.Add("0212-0222 每日新增死亡人数");
dataStruct4.TypeList.Add("0303-0313 每日新增死亡人数");
```

程序代码 2-33　添加访问文件

```
string path = @"..\..\..\..\data_shp";
IFeatureWorkspace pFeatWS = pWorkspaceFactory.OpenFromFile(path, 0) as IFeatureWorkspace;
string[] layers = new string[2] { "HB_NewDeath0222", "HB_NewDeath0313" };
```

程序代码 2-34　访问文件并读取文件中的数据

```
for (int n = 0; n < layers.Length; n++)
{
    IFeatureClass pFeatureClass = pFeatWS.OpenFeatureClass(layers[n]);
    //获取属性表的字段
    IFields fields = pFeatureClass.Fields;
    /*添加日期*/
    if (n == 0)
    {
        //遍历各个字段
        for (int i = 0; i < fields.FieldCount; i++)
        {
            //获取各个字段
            IField field = fields.get_Field(i);
            //若字段名是以 T 开头的,则将该字段名添加到数组中
            if (fields.get_Field(i).Name.Substring(0, 1) == "T")
            {
                //获取各个字段名并移除第一个字符
                string fieldName = field.Name.Substring(1);
```

```
                    dataStruct4.DateList0222.Add(fieldName);
                }
            }
        }
        if (n ==1)
        {
            //遍历各个字段
            for (int i = 0; i < fields.FieldCount; i++)
            {
                //获取各个字段
                IField field = fields.get_Field(i);
                //若字段名是以 T 开头的，则将该字段名添加到数组中
                if (fields.get_Field(i).Name.Substring(0, 1) == "T")
                {
                    //获取各个字段名并移除第一个字符
                    string fieldName = field.Name.Substring(1);
                    dataStruct4.DateList0313.Add(fieldName);
                }
            }
        }
}
```

程序代码 2-35　保存查询到的数据

```
if (n == 0)
{
    dataStruct4.DataList_NewDeath0222.Add(fieldData);
}
else
{
    dataStruct4.DataList_NewDeath0313.Add(fieldData);
}
```

完成后台 REST 服务后，只需要在 2.6 节的基础上修改 ECharts 中 option 的部分参数即可。相关参数说明如下：

axisTick：坐标轴刻度相关设置。

axisTick.alignWidthLabel：在 boundaryGap 为 true 时类目轴有效，可以保证刻度线和标签对齐，如程序代码 2-36 所示。

程序代码 2-36　设置 x 轴样式

```
xAxis:[{
    type:'category',
    axisTick:{
        alignWidthLabel:true
    },
    axisLine: {
        onZero: false,
```

```
            linStyle:{
                color:colors[1]
            }
        },
        axisPointer:{
            label:{
                formatter:function(params){
                    return "死亡人数"+params.value +
                            (params.seriesData.length ?":"+params.seriesData[0].data:"");
                }
            }
        },
        data: res.DateList0222
},
```

2.16 折线图与饼图的结合

通过结合折线图与饼图,既可以使用折线图反映数据值,又可以使用饼图反映数据所占的比例。

本节需要重新定义一个新类 Line_DataStruct5,只需要将 2.5 节中 3 个成员(DataList_confirmed、DataList_death、DataList_recovered)的类型由 List 改为 ArrayList,并在构造函数中实例化这些成员即可,如程序代码 2-37 所示。

程序代码 2-37　添加新类和新成员,并在构造函数中实例化新成员

```
[DataContract]
public class Line_DataStruct5
{
    [DataMember]
    public List<string> DateList { get; set; }
    [DataMember]
    public ArrayList DataList_confirmed { get; set; }
    [DataMember]
    public ArrayList DataList_death { get; set; }
    [DataMember]
    public ArrayList DataList_recovered { get; set; }
    public Line_DataStruct5()
    {
        DateList = new List<string>();
        DataList_confirmed = new ArrayList();
        DataList_death = new ArrayList();
        DataList_recovered = new ArrayList();
    }
}
```

其中,ArrayList 表示可被单独索引的对象的有序集合,它可以替代一个数组。与数组不同的是，用户可以使用索引在指定的位置添加和移除项目；动态数组会自动调整它的大小，允许在列表中动态分配内存，增加、搜索、排序列表的各项。

本节将调用的函数名改为 getLineData6，数据处理（包括文件的访问、字段名的修改、字段值的获取等）的方法同 2.5 节一样。为了符合前端 ECharts.dataset.source 的数据格式，需要在 4 个数组（DateList、DataList_confirmed、DataList_death、DataList_recovered）的第一个位置分别使用 Insert 方法插入"日期""确诊人数""死亡人数""治愈人数"字符串。使用 Insert 方法时需要两个参数，一个是插入字符串的位置，另一个是字符串。数组的处理如程序代码 2-38 所示。

程序代码 2-38　数组的处理

```
dataStruct5.DateList.Insert(0, "日期");
dataStruct5.DataList_confirmed.Insert(0, "确诊人数");
dataStruct5.DataList_death.Insert(0, "死亡人数");
dataStruct5.DataList_recovered.Insert(0, "治愈人数");
```

完成后台 REST 服务后，只需要在 2.5 节的基础上修改 ECharts 中 option 的部分参数即可，相关参数的说明如下：

tooltip.showContent：是否显示提示框浮层，默认值为 true（表示显示）。如果只需要 tooltip 触发事件或显示 axisPointer，而不需要显示内容，则可将该参数配置为 false。

dataset.source：原始数据，一般来说，原始数据表达的是二维数组。二维数组的表达形式为：其中第一行/列可以给出维度名，也可以不给出，直接给出数据；按行的 key-value 形式（对象数组），其中键（key）表示维度名；按列的 key-value 形式，每一项表示二维数组的一列。

series-line.seriesLayoutBy：当使用 dataset 时，seriesLayoutBy 用于指定将 dataset 的行还是列对应到系列上。也就是说，系列"排布"到 dataset 的是行还是列。当该参数为 column（默认值）时，dataset 的列对应于系列，dataset 中的每一列都是一个维度（dimension）；当该参数为 row 时，dataset 的行对应于系列，dataset 中的每一行都是一个维度（dimension）。

type.pie.id：组件 ID，默认不指定。如果指定该参数，则可在 option 或者 API 中引用组件。

pie.radius：饼图的半径。当该参数为 number 时，直接指定外半径值；当该参数为 string 时，如"20%"，表示外半径为可视区尺寸（容器高宽中较小一项）的 20%；Array.<number|string> 数组的第一项是内半径，第二项是外半径，每一项都可设置为 number 或 string。

pie.center：饼图中心（圆心）的坐标，数组的第一项是横坐标，第二项是纵坐标。该参数可设置成百分比，当设置成百分比时，第一项表示相对于容器的宽度，第二项表示相对于容器的高度；也可以设置为像素值。

pie.label.formatter：标签内容格式器，可采用字符串模板和回调函数两种形式，字符串模板与回调函数返回的字符串均可用"\n"换行。字符串模板变量有：{a}表示系列名；{b}表示数据名；{c}表示数据值；{d}表示百分比；{@xxx}表示数据中名为"xxx"的维度的值，如{@product}表示名为"product'"的维度的值；{@[n]}表示数据中维度 n 的值，如{@[3]}表示维度 3 的值，从 0 开始计数。

pie.encode：可以定义将 data 的哪个维度被编码成什么。在 encode 声明中，冒号左边是坐标系、标签等特定名称，如"x""y""tooltip"等；冒号右边是数据中的维度名（string 格式）或者维度的序号（number 格式，从 0 开始计数），可以指定一个或多个维度。在自定义系列（Custom Series）中，在 encode 声明中，可以不指定轴或设置为 null/undefined，从而使自定义系列不受轴的控制，也就是说，轴的范围不会影响系列数值，轴被 dataZoom 控制时也不会过滤掉这个系列。

pie.encode.itemName：用于指定数据项的名称，该参数在饼图之类的图表中特别有用，可以使指定的名称显示在图例（legend）中。需注意的一点是，itemName 的值与 dataset.source 中的数据项的名称必须一致。

pie.cncode.value：用于一些没有坐标系的图表，如饼图、漏斗图等。

pie.encode.tooltip：当值设为"20191231"时，表示在 tooltip 中显示名为"20191231"的维度值。当值设为[3,2,4]时，表示维度 3、2、4 会在 tooltip 中显示。

以上参数的具体设置如程序代码 2-39 所示。

程序代码 2-39　设置图形样式

```
option = {
    legend: {},
    tooltip: {
        trigger: 'axis',
        showContent: false
    },
    dataset: {
        source: [res.DateList,res.DataList_confirmed,res.DataList_death,res.DataList_recovered]
    },
    xAxis: {type: 'category'},
    yAxis: {gridIndex: 0},
    grid: {top: '55%'},
    series: [
        {type: 'line', smooth: true,color:"blue", seriesLayoutBy: 'row'},
        {type: 'line', smooth: true, color:"red",seriesLayoutBy: 'row'},
        {type: 'line', smooth: true,color:"green", seriesLayoutBy: 'row'},
        {
            type: 'pie',
            id: 'pie',
            radius: '30%',
            center: ['50%', '25%'],
            label: {
                formatter: '{b}: {@20191231} ({d}%)'
            },
            color:['blue', 'red', 'green'],
            encode: {
                itemName: '日期',
                value: '20191231',
                tooltip: '20191231'
            }
        }
    ]
};
```

在完成饼图的初始化后，可以实现图表联动的效果。当鼠标在坐标轴上移动时，饼图会跟随鼠标的移动发生变化。在 ECharts3 中绑定事件的方法跟 ECharts2 一样，都是通过 on 方法实现的，但 ECharts3 中的事件名称比 ECharts2 更加简单。在 ECharts3 中，事件名称对应 DOM 事件名称，均为小写的字符串。在 ECharts 中，事件分为两种类型：一种是用户鼠标操作图形，或者鼠标光标悬浮在图形上时触发的事件；另一种是用户在使用可以交互的组件后触发的行为事件，如在切换图例开关时触发的 legendselectchanged 事件（这里需要注意，切换图例开关不会触发 legendselected 事件），数据区域缩放时触发的 datazoom 事件等。ECharts 支持常规的用户鼠标操作事件，包括 click、dblclick、mousedown、mousemove、mouseup、mouseover、mouseout、globalout、contextmenu 等事件。

在本节中，当更新轴指示器时，通过用户鼠标操作事件可不断获取 xAxisInfo，并根据获取到的 xAxisInfo.value(dimension)重新绘制饼图。折线图和饼图的联动如程序代码 2-40 所示。

程序代码 2-40　折线图和饼图的联动

```
myChart1.on('updateAxisPointer', function (event) {
    var xAxisInfo = event.axesInfo[0];
    if (xAxisInfo) {
        var dimension = xAxisInfo.value + 1;
        myChart1.setOption({
            series: {
                id: 'pie',
                label: {
                    formatter: '{b}: {@[' + dimension + ']} ({d}%)'
                },
                encode: {
                    value: dimension,
                    tooltip: dimension
                }
            }
        });
    }
});
myChart1.setOption(option);
```

第3章 大数据图形可视化之柱状图

3.1 柱状图框选

柱状图框选不仅可以清楚地表明各个数据系列数量的多少，还可以直观地表明多个数据系列在同一分类（或时间）上值的总和。

在 2.4 节的基础上，只需要在后台 REST 服务中将名为 HBdeath_0302 的文件换为名为 HBdeath_0302_negative 的文件，即可实现柱状图框选，如程序代码 3-1 所示。

程序代码 3-1　更换访问文件

```
string path = @"..\..\..\..\data_shp";
IFeatureWorkspace pFeatWS = pWorkspaceFactory.OpenFromFile(path, 0) as IFeatureWorkspace;
string[] layers = new string[3] { "HBconfirmed_0302", "HBdeath_0302_negative", "HBrecovered_0302" };
```

在配置 ECharts.option 之前，需要先初始化调用的数据和自定义高亮的图形样式，如程序代码 3-2 所示。其中 JavaScript 的 push 方法可向数组的末尾添加一个或多个元素，并返回新的长度。push 方法的用法是 arrayObject.push(newelement1,newelement2,…,newelementX)，其中 newelement1 是必需的，是要添加到数组的第一个元素；newelement2 是可选的，是要添加到数组的第二个元素；newelementX 是可选的，可添加多个元素。push 方法的返回值是数组的新长度。push 方法可把它的参数顺序添加到 arrayObject 的尾部，可直接修改 arrayObject，而不是创建一个新的数组。push 方法和 pop 方法使用的是数组提供的先进后出功能。如果要在数组的开头添加一个或多个元素，则可以使用 unshift 方法，参数 emphasisStyle 表示高亮的图形样式，itemStyle 表示鼠标光标悬浮时的高亮样式，程序代码 3-2 中的高亮样式是在正常的样式下加阴影。

程序代码 3-2　定义数据及高亮的图形样式

```
var xAxisData = [];
var data1 = res.DataList_confirmed;
var data2 = res.DataList_death;
var data3 = res.DataList_recovered;
for (var i = 0; i < data1.length; i++) {
```

```
        xAxisData.push(i);
    }
    var emphasisStyle = {
        itemStyle: {
            barBorderWidth: 1,
            shadowBlur: 10,
            shadowOffsetX: 0,
            shadowOffsetY: 0,
            shadowColor: 'rgba(0,0,0,0.5)'
        }
    };
```

与ECharts.option中toolbox样式相关的参数如下：

toolbox：工具栏，内置导出图片、数据视图、动态类型切换、数据区域缩放、重置五个工具。

toolbox.feature：各工具配置项，除了内置的工具，还可以自定义工具。需要注意的是，自定义的工具名称，只能以my开头。

toolbox.feature.dataView：数据视图工具，可以展现当前图表所用的数据，编辑后可以动态更新。

以上参数的具体设置如程序代码3-3所示。

程序代码3-3　设置toolbox样式

```
toolbox: {
    feature: {
        magicType: {
            type: ['stack', 'tiled']
        },
        dataView: {}
    }
},
```

与ECharts.option中的visualMap样式相关的参数如下：

visualMap.calculable：是否显示拖曳用的手柄（手柄能拖曳调整选中范围）。注意：为兼容ECharts2，当未指定visualMap.type时，假如设置了calculable，则type将被自动设置为continuous，忽略visualMap.splitNumber等的设置，所以建议使用者指定visualMap.type。

visualMap.inverse：是否反转visualMap组件。当inverse设置为false时，数据大小的位置规则和直角坐标系相同，即当visualMap.orient设置为vertical时，数据上大下小，当visualMap.orient为horizontal时，数据右大左小。当inverse设置为true时，则进行反转。

visualMap.itemHeight：图形的高度。

visualMap.inRange：定义在选中范围中的视觉元素。用户可以和visualMap组件交互，用鼠标或触摸选择范围。可选的视觉元素有：symbol（表示图元的图形类别）、symbolSize（表示图元的大小）、color（表示图元的颜色）、colorAlpha（表示图元的颜色透明度）、opacity（表示图元及其附属物的透明度）、colorLightness（表示颜色的明暗度）、colorSaturation（表示颜色的饱和度）、colorHue（表示颜色的色调）。inRange既可以定义目标系列视觉形式，也可以定义 visualMap 本身的视觉样式。通俗来讲就是，假如 visualMap 控制的是散点图，那么 inRange 不仅定义了散点图的颜色、尺寸等，也定义了 visualMap 本身的颜色、尺寸等。

visualMap.inRange.controller：设置 visualMap 组件中控制器的 inRange、outOfRange。如果没有设置 controller，则控制器会使用外层的 inRange、outOfRange 设置；如果设置了 controller，则会采用相关的设置。该参数适用于控制器视觉效果需要特殊定制或调整的场景。

以上参数的具体设置如程序代码 3-4 所示。

程序代码 3-4　设置 visualMap 样式

```
visualMap: {
    type: 'continuous',
    dimension: 1,
    text: ['High', 'Low'],
    inverse: true,
    itemHeight: 210,
    calculable: true,
    min: -2,
    max: 6,
    top: 60,
    left: 10,
    inRange: {
        colorLightness: [0.4, 0.8]
    },
    outOfRange: {
        color: '#bbb'
    },
    controller: {
        inRange: {
            color: '#2f4554'
        }
    }
},
```

brushSelected 事件可以对外通知当前选中了什么，该事件在 setOption 中不会被触发，在其他的 dispatchAction 中，或者用户在界面中创建、删除、修改选框时会被触发。在完成 ECharts.option 的配置后，通过 brushSelected 事件类型可以设置鼠标框选事件并通过 renderBrushed() 函数设置渲染结束后的刷新功能。每运行一次 renderBrushed() 函数，就会刷新一次数据系列的值。具体实现如程序代码 3-5 所示。

程序代码 3-5　监听框选事件

```
myChart1.setOption(option);
myChart1.on('brushSelected', renderBrushed);
function renderBrushed(params) {
    var brushed = [];
    var brushComponent = params.batch[0];

    for (var sIdx = 0; sIdx < brushComponent.selected.length; sIdx++) {
```

```
                var rawIndices = brushComponent.selected[sIdx].dataIndex;
                brushed.push('[Series ' + sIdx + '] ' + rawIndices.join(', '));
            }
            myChart1.setOption({
                title: {
                    backgroundColor: '#333',
                    text: 'SELECTED DATA INDICES: \n' + brushed.join('\n'),
                    bottom: 0,
                    right: 0,
                    width: 100,
                    textStyle: {
                        fontSize: 12,
                        color: '#fff'
                    }
                }
            });
        }
```

3.2 柱状图的背景色

柱状图（Histogram）是一种用长方形的长度来表示数值大小的统计图，由一系列高度不等的纵向条纹表示数据的分布情况，用来比较两个或两个以上的变量，通常用于较小数据集的分析。柱状图既可横向排列，也可用多维方式表达。柱形图的最大特点是一目了然、清晰可见，可以清楚地表明数值的大小，易于比较数据之间的差别。

本节所需要的后台 REST 服务可以直接使用 2.2 节的后台 REST 服务，前端网页的渲染只需要修改 2.2 节中 ECharts 的 option 中的部分参数即可，相关参数说明如下：

type：当 type 的取值为 bar 时，表示柱状图、条形图，通过柱状图的高度、条形图的宽度来表示数值的大小。

showBackground：是否显示柱状图的背景色。

backgroundStyle：表示柱状图的背景样式，需要将 showBackground 设置为 true 才有效。

backgroundStyle.color：表示柱状图的颜色。

以上参数的具体设置如程序代码 3-6 所示。

程序代码 3-6　设置图形样式

```
series: [{
    data: res.DataList,
    type: 'bar',
    showBackground:true,
    backgroundStyle:{
        color:"rgba(220,220,220,0.8)"
    }
}]
```

3.3 柱状图的渐变色、阴影与缩放

渐变色、阴影这两个特性可以使图表看起来更加美观；单击"缩放"图标可以解决当数据量较大时，x 轴不能完全呈现出数据的问题。

在 2.8 节的基础上，本节只需要修改 ECharts 中的部分参数即可实现柱状图的渐变色、阴影与缩放。在配置 option 之前，首先要定义 option 中调用的数据，如程序代码 3-7 所示。

程序代码 3-7　定义 option 中调用的数据

```
var dataAxis=[];
var data=res.DataList;
for (var n=1;n< data.length; n++){
    dataAxis.push(n);
}
var yMax=300;
var dataShadow=[];
for (var i = 0; i < data.length; i++) {
    dataShadow.push(yMax);
}
```

然后设置 ECharts.option 中的 xAxis 样式，相关参数如下：

xAxis.axisLabel.inside：表示刻度或标签是否朝内，默认朝外。

xAxis.z：根据 x 轴组件的所有图形的 z 值大小控制图形的先后顺序，z 值小的图形会被 z 值大的图形覆盖。

以上参数的具体设置如程序代码 3-8 所示。

程序代码 3-8　设置 xAxis 样式

```
xAxis: {
    data: dataAxis,
    axisLabel: {
        inside: true,
        textStyle: {
            color: '#fff'
        }
    },
    axisTick: {
        show: false
    },
    axisLine: {
        show: false
    },
    z: 10
},
```

ECharts.option 中 series 的相关参数如下：

series.barGap：表示不同系列柱状图之间的距离，其值为百分比（如 30%表示距离为柱状图宽度的 30%）。如果想要两个系列的柱状图重叠，可以将 barGap 设置为-100%，这在使用柱状图作为背景时非常有用。在同一坐标系上，barGap 可以被多个 bar 系列共享但需要在坐标系中最后一个 bar 系列上设置该参数，才会对此坐标系中所有 bar 系列生效。

series.barCategoryGap：表示同一系列的柱状图之间的距离，默认的距离为柱状图宽度的 20%。在同一坐标系上设置固定的 barCategoryGap，barCategoryGap 可被多个 bar 系列共享，但需要在坐标系中最后一个 bar 系列上设置该参数，才会对此坐标系中所有 bar 系列生效。

series.emphasis：表示高亮的图形样式和标签样式。

以上参数的具体设置如程序代码 3-9 所示。

程序代码 3-9 设置图形样式

```
series: [
    {
        type: 'bar',
        itemStyle: {
            color: 'rgba(0,0,0,0.1)'
        },
        barGap: '-100%',
        barCategoryGap: '40%',
        data: dataShadow,
        animation: false
    },
    {
        type: 'bar',
        itemStyle: {
            color: new ECharts.graphic.LinearGradient(
                0, 0, 0, 1,
                [
                    {offset: 0, color: '#83bff6'},
                    {offset: 0.5, color: '#188df0'},
                    {offset: 1, color: '#188df0'}
                ]
            )
        },
        emphasis: {
            itemStyle: {
                color: new ECharts.graphic.LinearGradient(
                    0, 0, 0, 1,
                    [
                        {offset: 0, color: '#2378f7'},
                        {offset: 0.7, color: '#2378f7'},
                        {offset: 1, color: '#83bff6'}
                    ]
                )
            }
```

```
        },
        data: data
    }
]
```

设置好 ECharts.option 和 ECharts.option.series 之后，通过设置鼠标 click 事件，可调用 action 中的 dispatchAction 接口来触发图表，使用 dataZoom 类型缩放区域。相关参数如下：

myChart.dispatchAction：ECharts2.x 是通过 myChart.component.tooltip.showTip 调用相应的接口来触发图表的，涉及内部组件的组织。ECharts3 是通过调用 myChart.dispatchAction ({ type: ' ' })来触发图表的，统一管理了所有的动作，可以方便地根据需要去记录用户的行为路径。

startValue：表示数据窗口范围的起始数值，如果设置了 start，则 startValue 失效。startValue 和 endValue 共同用绝对数值的形式定义数据窗口范围。注意，如果轴的类型为 category，则 startValue 既可以设置为 axis.data 数组的 index，也可以设置为数组值本身。如果设置为数组值本身，则会在内部自动转化为数组的 index。

endValue：表示数据窗口范围的结束数值，如果设置了 end，则 endValue 失效。

startValue 和 endValue 共同用绝对数值的形式定义数据窗口范围。注意，如果轴的类型为 category，则 endValue 既可以设置为 axis.data 数组的 index，也可以设置为数组值本身。如果设置为数组值本身，则会在内部自动转化为数组的 index。

以上参数的具体设置如程序代码 3-10 所示。

程序代码 3-10　区域缩放的实现

```
var zoomSize = 6;
myChart1.on('click', function (params) {
    console.log(dataAxis[Math.max(params.dataIndex - zoomSize / 2, 0)]);
    myChart1.dispatchAction({
        type: 'dataZoom',
        startValue: dataAxis[Math.max(params.dataIndex - zoomSize / 2, 0)],
        endValue: dataAxis[Math.min(params.dataIndex + zoomSize / 2, data.length - 1)]
    });
});
```

3.4 正负条形图

正负条形图不仅可以清楚地显示出各个数据系列之间的关系和差异，还可以显示各个数据系列的值的总和。

在 2.5 节的基础上，本节只需要修改 ECharts.option 中的 y 轴样式即可实现正负条形图，相关参数如下：

yAxis.Type：表示 y 轴坐标轴类型，该参数的可选值包括 value（表示数值轴，适用于连续数据）、category（表示类目轴，适用于离散的类目数据，为该类型时必须通过 data 设置类目数据）、time（表示时间轴，适用于连续的时序数据，与数值轴相比，时间轴带有时间的格式化，在刻度计算上也有所不同，如会根据跨度的范围来决定使用月、星期、日范围的刻度，还是使用小时范围的刻度），log（表示对数轴，适用于对数数据）。

yAxis.axisTick：表示 y 轴坐标轴刻度的相关设置。yAxis.axisTick.show：表示是否显示坐标轴刻度，取值为 false 时，表示不显示坐标轴刻度。

以上参数的具体设置如程序代码 3-11 所示。

程序代码 3-11　设置 y 轴样式

```
yAxis: [
    {
        type: 'category',
        axisTick: {
            show: false
        },
        data: res.DateList
    }
],
```

3.5　正负交错柱状图

在 3.1 节的基础上，本节只需要修改 ECharts.option.series 中的部分参数即可实现正负交错柱状图，相关参数如下：

series.stack：表示数据堆叠，同一个类目轴上相同 stack 值的系列可以堆叠放置。

label.formatter：表示标签内容格式器，支持字符串模板和回调函数两种形式。字符串模板与回调函数返回的字符串均支持用"\n"换行。字符串模板变量有：{a}（表示系列名），{b}（表示数据名），{c}（表示数据值），{@xxx}（表示数据中名为"xxx"的维度的值，如{@product}表示名为"product"的维度的值），{@[n]}（表示数据中维度 n 的值，如{@[3]}表示维度 3 的值，从 0 开始计数）。本节使用的{b}表示的是数据名。

以上参数的具体设置如程序代码 3-12 所示。

程序代码 3-12　设置图形样式

```
series: {
    name: '治愈人数日变化率',
    type: 'bar',
    stack: '总量',
    label: {
        show: true,
        formatter: '{b}'
    },
    data:data1
}
```

3.6　极坐标系下的堆叠柱状图

本节在 3.5 节的基础上，定义了新类（bar_DataStruct8）和新成员（provinceNameList、

dataListList），并在构造函数里对新成员进行了实例化，如程序代码 3-13 所示。

程序代码 3-13　定义新类和成员，并在构造函数中实例化新成员

```
[DataContract]
public class bar_DataStruct8
{
    [DataMember]
    public List<string> provinceNameList { get; set; }
    [DataMember]
    public List<List<double>> dataListList { get; set; }
    public bar_DataStruct8()
    {
        provinceNameList = new List<string>();
        dataListList = new List<List<double>>();
    }
}
```

为了使 ECharts 中的数据类型为二维数组，本节的后台 REST 服务会对获取到的数据进行相应的处理，首先访问 china_provinceNew_recovered 文件，如程序代码 3-14 所示，然后通过 pFeature.get_Value 方法按行读取数据，接着通过 for 循环读取每列数据，最后通过 allDataList.Add 方法将获取到的每列数据 dataRowList 添加到临时的二维数组 allDataList 中。Math.Abs 方法的作用是对该文件中的字段名含有字母"T"的数据取绝对值，以二维数组的形式读取，字段名为"NAME"的数据以列表的形式读取，如程序代码 3-15 所示。

程序代码 3-14　访问文件

```
string path = @"..\..\..\..\data_shp";
IFeatureWorkspace pFeatWS = pWorkspaceFactory.OpenFromFile(path, 0) as IFeatureWorkspace;
IFeatureClass pFeatureClass = pFeatWS.OpenFeatureClass("china_provinceNew_recovered");
```

程序代码 3-15　设置数据为二维数组形式

```
List<List<double>> allDataList = new List<List<double>>();
while (pFeature != null)
{
    List<double> dataRowList = new List<double>();
    //遍历所有的值
    for (int i = 0; i < fields.FieldCount; i++)
    {
        if (fields.get_Field(i).Name == "NAME")
        {
            string fieldData = pFeature.get_Value(i).ToString();
            DataStruct8.provinceNameList.Add(fieldData);
        }
        if (fields.get_Field(i).Name.Substring(0, 1)=="T")
        {
            dataRowList.Add(Math.Abs(Convert.ToDouble(pFeature.get_Value(i).ToString())));
```

```
            }
        }
        allDataList.Add(dataRowList);
        pFeature = pFCursor.NextFeature();
}
```

通过 Max、Min、Average 等方法可获得二维数组每行数据的最大值、最小值、平均值。Math.Round(Decimal,Int32)用于将小数值按指定的小数位舍入。通过 Add 方法可将二维数组每行数据的最大值、最小值、平均值存放到二维数组 dataListList 中，如程序代码 3-16 所示。

程序代码 3-16　获得二维数组每行的最大值、最小值和平均值

```
for (int i = 0; i < allDataList.Count; i++)
{
    double max, min, ave;
    max = allDataList[i].Max();
    min = allDataList[i].Min();
    ave =Math.Round(allDataList[i].Average(),3);
    List<double> rowDataList = new List<double>() { min,max, ave };
    DataStruct8.dataListList.Add(rowDataList);
}
```

完成后台 REST 服务之后，还需要配置 ECharts.option。在配置 ECharts.option 之前，需要对数据进行定义，如程序代码 3-17 所示。

程序代码 3-17　定义数据

```
var data=res.dataListList;
var province=res.provinceNameList;
var barHeight=5;
```

ECharts.option 中的极坐标系的相关属性可通过以下参数进行设置：

angleAxis：表示极坐标系的角度轴。

angleAxis.type：当极坐标系的角度轴类型为 category 时，即类目轴，适用于离散的类目数据，为该类型时必须通过 data 设置类目数据。

angleAxis.data：表示类目数据，在类目轴（type:"category"）中有效。如果没有设置 type，但设置了 axis.data，则认为 type 是 category。如果将 type 设置为 category，但没有设置 axis.data，则 axis.data 的内容会自动从 series.data 中获取。axis.data 指明了 category 的取值范围。如果不指定 axis.data 而是从 series.data 中获取，那么只能获取到 series.data 中出现的值。

radiusAxis：表示极坐标系的径向轴。

polar：表示极坐标系，可以用于散点图和折线图，每个极坐标系都拥有一个角度轴和一个径向轴。

以上参数的具体设置如程序代码 3-18 所示。

程序代码 3-18　设置极坐标系样式

```
angleAxis: {
    type: 'category',
    data: province
```

```
},
radiusAxis: {
},
polar: {
},
```

设置 series 中的参数，其中，series.coordinateSystem 表示该系列中使用的坐标系，当取值为 polar 时，表示坐标系为极坐标系；当取值为 cartesian2d 时，表示坐标系为二维的直角坐标系（也称为笛卡儿坐标系）；也可以通过 xAxisIndex，yAxisIndex 指定相应的坐标轴组件，如程序代码 3-19 所示。

程序代码 3-19　设置图形样式

```
series: [{
    type: 'bar',
    itemStyle: {
        color: 'transparent'
    },
    data: data.map(function (d) {
        return d[0];
    }),
    coordinateSystem: 'polar',
    stack: '最大最小值',
    silent: true
}, {
    type: 'bar',
    data: data.map(function (d) {
        return d[1] - d[0];
    }),
    coordinateSystem: 'polar',
    name: '新增死亡人数范围',
    stack: '最大最小值'
},{
    type: 'bar',
    itemStyle: {
        color: 'transparent'
    },
    data: data.map(function (d) {
        return d[2] - barHeight;
    }),
    coordinateSystem: 'polar',
    stack: '均值',
    silent: true,
    z: 10
}, {
    type: 'bar',
    data: data.map(function (d) {
        return barHeight ;
```

```
        }),
        coordinateSystem: 'polar',
        name: '均值',
        stack: '均值',
        barGap: '-100%',
        z: 10
    }]
```

3.7 堆叠柱状图

　　堆叠柱状图可以分割柱状图，从而显示相同类型下各个数据的大小。堆叠柱状图可以形象地展示一个大分类中包含的每个小分类的数据，以及各个小分类的占比，从而显示单个项目与整体之间的关系。堆叠柱状图不仅可以清晰地比较某个维度数据中不同类型数据之间的差异，还可以比较总数的差别。堆叠柱状图可分为一般堆叠柱状图和百分比堆叠柱状图。在一般堆叠柱状图中，每个柱子上的值分别代表不同的数据大小，各层的数据总和代表整根柱子的高度，适用于比较每个分组的数据总量。在百分比堆叠柱状图中，柱子的各个层表示该类数据占该分组总体数据的百分比。堆叠柱状图的一个缺点是当柱子上的堆叠太多时会导致数据很难区分对比，同时很难对比不同分类下相同维度的数据，因为这些柱子不是按照同一基准线对齐的。

　　本节在 2.5 节的基础上，重新定义了新类和新成员，并在构造函数中实例化新成员，如程序代码 3-20 所示。

程序代码 3-20　定义新类和新成员，并在构造函数中实例化新成员

```
[DataContract]
public class bar_DataStruct9
{
    [DataMember]
    public List<string> provinceNameList { get; set; }
    [DataMember]
    public List<double> dataList1 { get; set; }
    [DataMember]
    public List<double> dataList2 { get; set; }
    [DataMember]
    public List<double> dataList3 { get; set; }
    [DataMember]
    public List<double> dataList4 { get; set; }
    [DataMember]
    public List<double> dataList5 { get; set; }
    [DataMember]
    public List<double> dataList6 { get; set; }
    [DataMember]
    public List<double> dataList7 { get; set; }
    [DataMember]
```

```
public List<double> dataList8 { get; set; }
[DataMember]
public List<double> dataList9 { get; set; }
[DataMember]
public List<string> dateList { get; set; }
public bar_DataStruct9()
{
    provinceNameList = new List<string>();
    dataList1 = new List<double>();
    dataList2 = new List<double>();
    dataList3 = new List<double>();
    dataList4 = new List<double>();
    dataList5 = new List<double>();
    dataList6 = new List<double>();
    dataList7 = new List<double>();
    dataList8 = new List<double>();
    dataList9 = new List<double>();
    dateList = new List<string>();
}
}
```

在本节中，访问文件、获取二维数组的方法可以参照 3.6 节，通过 GetRange(int index, int count)可获取指定索引位置范围的元素对象，并组成一个新的列表集合，其中 index 表示开始索引位置，count 表示从 index 开始获取的元素个数。获取到想要的数据范围后，可将二维数组中的数据按行取出并存放进指定的列表中，如程序代码 3-21 所示。

程序代码 3-21　获取数据并存放到指定的列表中

```
List<List<double>> allDataList = new List<List<double>>();
while (pFeature != null)
{
    List<double> dataRowList = new List<double>();
    //遍历所有的值
    for (int i = 0; i < fields.FieldCount; i++)
    {
        if (fields.get_Field(i).Name == "NAME")
        {
            string fieldData = pFeature.get_Value(i).ToString();
            DataStruct9.provinceNameList.Add(fieldData);
        }
        if (fields.get_Field(i).Name.Substring(0, 1) == "T")
        {
            dataRowList.Add(Math.Abs(Convert.ToDouble(pFeature.get_Value(i).ToString())));
        }
    }
    dataRowList = dataRowList.GetRange(25, 7);
    allDataList.Add(dataRowList);
    pFeature = pFCursor.NextFeature();
```

}
DataStruct9.provinceNameList = DataStruct9.provinceNameList.GetRange(0, 9);
DataStruct9.dataList1 = allDataList[0];
DataStruct9.dataList2 = allDataList[1];
DataStruct9.dataList3 = allDataList[2];
DataStruct9.dataList4 = allDataList[3];
DataStruct9.dataList5 = allDataList[4];
DataStruct9.dataList6 = allDataList[5];
DataStruct9.dataList7 = allDataList[6];
DataStruct9.dataList8 = allDataList[7];
DataStruct9.dataList9 = allDataList[8];
```

本节的 ECharts.option 的配置见 2.5 节和 3.5 节。

## 3.8 横向柱状图

本节在 2.5 节的基础上，重新定义了新类和新成员，并在构造函数中实例化新成员，如程序代码 3-22 所示。

**程序代码 3-22  定义新类和新成员，并在构造函数中实例化新成员**

```
[DataContract]
public class bar_DataStruct10
{
    [DataMember]
    public List<string> provinceNameList { get; set; }
    [DataMember]
    public List<double> dataList1 { get; set; }
    [DataMember]
    public List<double> dataList2 { get; set; }
    [DataMember]
    public List<string> dateList { get; set; }
    public bar_DataStruct10()
    {
        provinceNameList = new List<string>();
        dataList1 = new List<double>();
        dataList2 = new List<double>();
        dateList = new List<string>();
    }
}
```

在本节中，文件 china_provinceTotal_confirmed 的访问过程如程序代码 3-23 所示，字段名的处理及获取可以参照 3.7 节，通过 GetRange(int index, int count)方法可获取一周的日期，通过 Add 方法可将"周总计确诊人数"字符串添加到 dateList 中，如程序代码 3-24 所示；再次通过 GetRange 方法可获取一周内总计确诊人数，如程序代码 3-25 所示；通过数组中的索引方法获取二维数组 allDataList 的前两行数值，通过 Sum 方法可计算行数据的和，并将计算得
```

到的和添加到相应的行数据中，如程序代码 3-26 所示。

程序代码 3-23　访问文件

```
string path = @"..\..\..\..\data_shp";
IFeatureWorkspace pFeatWS = pWorkspaceFactory.OpenFromFile(path, 0) as IFeatureWorkspace;
IFeatureClass pFeatureClass = pFeatWS.OpenFeatureClass("china_provinceTotal_confirmed");
```

程序代码 3-24　获取日期及添加字符串

```
DataStruct10.dateList = DataStruct10.dateList.GetRange(25,7);
DataStruct10.dateList.Add("周总计确诊人数");
```

程序代码 3-25　获取某一周内的数据

```
while (pFeature != null)
{
    List<double> dataRowList = new List<double>();
    //遍历所有的值
    for (int i = 0; i < fields.FieldCount; i++)
    {
        if (fields.get_Field(i).Name == "NAME")
        {
            string fieldData = pFeature.get_Value(i).ToString();
            DataStruct10.provinceNameList.Add(fieldData);
        }
        if (fields.get_Field(i).Name.Substring(0, 1) == "T")
        {
            dataRowList.Add(Math.Abs(Convert.ToDouble(pFeature.get_Value(i).ToString())));
        }
    }
    dataRowList = dataRowList.GetRange(25,7);
    allDataList.Add(dataRowList);
    pFeature = pFCursor.NextFeature();
}
```

程序代码 3-26　计算二维数组前两行数值的和并将其添加到相应的列表中

```
DataStruct10.provinceNameList = DataStruct10.provinceNameList.GetRange(5, 2);
double sum1, sum2;
sum1 = allDataList[0].Sum();
sum2 = allDataList[1].Sum();
DataStruct10.dataList1 = allDataList[0];
DataStruct10.dataList2 = allDataList[1];
DataStruct10.dataList1.Add(sum1);
DataStruct10.dataList2.Add(sum2);
```

3.9 横向堆叠柱状图

横向堆叠柱状图可以直观地说明同一组或同一类数据在不同的划分标准下的表现情况。

本节的后台 REST 服务可以直接使用 3.7 节的后台 REST 服务，ECharts.option 的配置部分可以参照 3.7 节，这里不再赘述，只需要修改 ECharts.option 中 series 的部分参数即可实现横向堆叠柱状图，相关参数如下：

bar.label.position：表示标签的位置，既可以通过相对的百分比或者绝对像素值来表示标签相对于图形包围盒左上角的位置，也可选择 top、left、right、bottom、inside、insideLeft、insideRight、insideTop、insideBottom、insideTopLeft、insideTopRight、insideBottomRight。设置图形样式如程序代码 3-27 所示。

程序代码 3-27　设置图形样式

```
series: [
{
        name: '河南省',
        type: 'bar',
        stack: '总量',
        label: {
            show: true,
            position: 'insideRight'
        },
        data: res.dataList4
},
```

3.10 显示最大值、最小值和平均值的柱状图

柱状图不仅可以清楚地表明各个数据系列数量的多少，也可以直观地表明多个数据系列在同一分类（或时间上）的值的总和，还可以直观地看到数据系列中的一些特殊值，如最大值、最小值、平均值等。

在 2.12 节的基础上，本节的后台 REST 服务同 2.12 节的后台 REST 服务一致，只需要修改部分参数即可完成 ECharts 的图形设置，相关参数如下：

toolbox.show：表示是否显示工具栏组件。当取值为 true 时，表示显示工具栏组件；当取值为 false 时，表示不显示工具栏组件。

toolbox.feature.dataView.show：表示是否显示该工具，当取值为 true 时，表示显示该工具；当取值为 false 时，表示不显示该工具。

toolbox.feature.dataView.readOnly：表示是否不可编辑（只读），当取值为 true 时，表示不可以编辑该工具；当取值为 false 时，表示可以编辑该工具。

toolbox.feature.dataView.restore：表示配置项还原。

toolbox.feature.dataView.restore.show：表示是否显示还原后的配置项。

toolbox.feature.saveAsImage：保存为图片。

以上参数的具体设置如程序代码 3-28 所示。

程序代码 3-28　设置 toolbox 的样式

```
toolbox: {
```

```
        show: true,
        feature: {
            dataView: {show: true, readOnly: false},
            magicType: {show: true, type: ['line', 'bar']},
            restore: {show: true},
            saveAsImage: {show: true}
        }
    },
```

3.11 折线图和柱状图的组合

折线图和柱状图的组合不仅可以显示数据的差异，还可以反映数据的变化趋势。

本节的后台 REST 服务和 2.4 节的后台 REST 服务一致，只需要修改 ECharts.option 和 ECharts.option.series 的部分参数即可实现折线图和柱状图的组合，相关参数如下：

tooltip.axisPointer.crossStyle：表示坐标轴指示器的样式，当 axisPointer.type 为 cross 时有效。

yAxis.interval：表示强制设置坐标轴分割间隔。因为分割数目是预估的值，根据策略计算出来的刻度可能无法实现想要的效果，这时可以使用 interval 配合 min、max 强制设定刻度划分效果。

以上参数的具体设置如程序代码 3-29 和程序代码 3-30 所示。

程序代码 3-29　设置坐标轴指示器样式

```
tooltip: {
    trigger: 'axis',
    axisPointer: {
        type: 'cross',
        crossStyle: {
            color: '#999'
        }
    }
},
```

程序代码 3-30　设置 y 轴样式

```
yAxis: [
    {
        type: 'value',
        name: '确诊人数',
        min: 0,
        max: 70000,
        interval: 10000,
        axisLabel:{
            rotate:60
        }
    },
    {
```

```
            type: 'value',
            name: '治愈人数',
            min: 0,
            max: 70000,
            interval:10000,
            axisLabel:{
                rotate:-60
            }
        }
    ],
```

3.12 多 y 轴图

通过多 y 轴图可以解决多个数据在量级上的巨大差距，从而可以在同一个坐标系中显示多个数据。

本节的后台 REST 服务直接使用 3.10 节的后台 REST 服务，只需要修改 ECharts.option 中的部分参数即可实现多 y 轴图，相关参数如下：

xAxis.axisTick.alignWithLabel：该参数在类目轴中的 boundaryGap 为 true 时有效，可以保证刻度线和标签对齐，如程序代码 3-31 所示。

程序代码 3-31　设置 x 轴样式

```
xAxis: [
    {
        type: 'category',
        axisTick: {
            alignWithLabel: true
        },
        data: res.DateList
    }
],
```

interval：表示强制设置坐标轴分割间隔。因为分割间隔是预估的值，根据策略计算出来的刻度可能无法达到想要的效果，这时可以使用 interval 配合 min、max 强制设定刻度划分，一般不建议使用。在时间轴（type: 'time'）中需要使用时间戳，在对数轴（type: "log"）中需要使用指数值。

position：表示 y 轴的位置，该参数的可选值包括 left、right，在默认情况下，grid 中的第一个 y 轴在 grid 的左侧（left），第二个 y 轴视第一个 y 轴的位置放在 grid 的另一侧。

offset：表示 y 轴相对于默认位置的偏移，该参数在相同的 position 上有多个 y 轴时有用。

以上参数的具体设置如程序代码 3-32 所示。

程序代码 3-32　设置 y 轴的样式

```
yAxis: [
    {
```

```
            type: 'value',
            name: '确诊人数',
            min: 0,
            max: 70000,
            interval:10000,
            position: 'right',
            axisLine: {
                lineStyle: {
                    color: colors[0]
                }
            }
        },
        {
            type: 'value',
            name: '死亡人数',
            min: 0,
            max: 7000,
            interval:1000,
            position: 'left',
            axisLine: {
                lineStyle: {
                    color: colors[2]
                }
            },
        },
        {
            type: 'value',
            name: '治愈人数',
            min: 0,
            max: 40000,
            interval:6000,
            position: 'right',
            offset: 60,
            axisLine: {
                lineStyle: {
                    color: colors[1]
                }
            }
        }
    ],
```

3.13 对象数组数据集

ECharts 可以按 key-value 的形式来组织对象数组，对象数组一般使用 JSON 格式，其中键（key）表示维度名，也就是字段名。

本节在 3.11 节的基础上，重新定义了新类和新成员，并在构造函数中实例化新成员，其中，MainMonthBarData 是自定义封装的类，包含 4 个成员，如程序代码 3-33 所示。

程序代码 3-33　添加新类和新成员，并在构造函数中实例化新成员

```
[DataContract]
public class bar_DataStruct6
{
    [DataMember]
    public List<string> TypeList { get; set; }
    [DataMember]
    public List<string> Dimensions { get; set; }
    [DataMember]
    public List<string> DateList { get; set; }
    [DataMember]
    public List<MainMonthBarData> MainMonthBarDataList { get; set; }
    [DataMember]
    public List<double> DataList_confirmed { get; set; }
    [DataMember]
    public List<double> DataList_death { get; set; }
    [DataMember]
    public List<double> DataList_recovered { get; set; }
    public bar_DataStruct6()
    {
        TypeList = new List<string>();
        Dimensions = new List<string>();
        MainMonthBarDataList = new List<MainMonthBarData>();
        DataList_confirmed = new List<double>();
        DataList_death = new List<double>();
        DataList_recovered = new List<double>();
        DateList = new List<string>();
    }
}
[DataContract]
public class MainMonthBarData
{
    [DataMember]
    public string product { get; set; }
    [DataMember]
    public double confirmed { get; set; }
    [DataMember]
    public double death { get; set; }
    [DataMember]
    public double recovered { get; set; }
}
```

在访问文件之前需要先添加所需的类型，如程序代码 3-34 所示。

程序代码 3-34　添加类型

```
/*添加类型*/
bar_DataStruct6.TypeList.Add("confirmed");
bar_DataStruct6.TypeList.Add("death");
bar_DataStruct6.TypeList.Add("recovered");
```

添加访问文件，如程序代码 3-35 所示。

程序代码 3-35　访问 shp 文件

```
string path = @"..\..\..\..\data_shp";
IFeatureWorkspace pFeatWS = pWorkspaceFactory.OpenFromFile(path, 0) as IFeatureWorkspace;
string[] layers = new string[3] { "HBconfirmed_0302", "HBdeath_0302", "HBrecovered_0302" }
```

获取指定时间的字段名，如程序代码 3-36 所示。

程序代码 3-36　获取指定时间的字段名

```
if (n == 0)
{
    //遍历各个字段
    for (int i = fields.FieldCount - 3; i < fields.FieldCount; i++)
    {
        //获取各个字段名
        IField field = fields.get_Field(i);
        //若字段名是以 T 开头的，那么将该字段名添加到数组中
        if (fields.get_Field(i).Name.Substring(0, 1) == "T")
        {
            string fieldName = field.Name;
            bar_DataStruct6.DateList.Add(fieldName);
        }
    }
}
```

获取指定时间的数值，如程序代码 3-37 所示。

程序代码 3-37　获取指定时间的数值

```
while (pFeature != null)
{
    for (int i = fields.FieldCount-3; i < fields.FieldCount; i++)
    {
        if (fields.get_Field(i).Name.Substring(0, 1) == "T")
        {
            if (n == 0)
            {
                bar_DataStruct6.DataList_confirmed.Add(Math.Abs(Convert.ToDouble(
                                    pFeature.get_Value(i).ToString())));
            }
            else if (n == 1)
            {
```

```
                    bar_DataStruct6.DataList_death.Add(Math.Abs(Convert.ToDouble(
                            pFeature.get_Value(i).ToString())));
            }
            else
            {
                    bar_DataStruct6.DataList_recovered.Add(Math.Abs(Convert.ToDouble(
                            pFeature.get_Value(i).ToString())));
            }
        }
    }
    pFeature = pFCursor.NextFeature();
};
```

为了符合 ECharts 中的 key-value 数据形式（对象数组），需要首先通过 for 循环将数据存放到 MainMonthBarDataList 列表中，然后将字段名添加到 bar_DataStruct6.Dimensions 中，如程序代码 3-38 所示。

程序代码 3-38　设置 key-value 形式的数据

```
for (int i = 0; i < bar_DataStruct6.DataList_confirmed.Count ; i++)
{
    bar_DataStruct6.MainMonthBarDataList.Add(new MainMonthBarData() { product = bar_DataStruct6.DateList[i], confirmed = bar_DataStruct6.DataList_confirmed[i], death = bar_DataStruct6.DataList_death[i], recovered = bar_DataStruct6.DataList_recovered[i] });
}
/*添加 dimensions*/
bar_DataStruct6.Dimensions.Add("product");
bar_DataStruct6.Dimensions.Add(bar_DataStruct6.TypeList[0]);
bar_DataStruct6.Dimensions.Add(bar_DataStruct6.TypeList[1]);
bar_DataStruct6.Dimensions.Add(bar_DataStruct6.TypeList[2]);
```

设置 option 中的参数，dataset.dimensions 表示使用 dimensions 定义 series.data 或者 dataset.source 的每个维度的信息。注意：如果使用 dataset，那么可以在 dataset.source 的第一行/列中给出 dimension 的名称，无须在这里指定 dimension。但是，如果在这里指定了 dimensions，那么 ECharts 不会从 dataset.source 的第一行/列中自动获取维度信息，如程序代码 3-39 所示。

程序代码 3-39　设置 option 中的参数

```
option = {
    legend: {},
    tooltip: {},
    dataset: {
        dimensions: res.Dimensions,
        source:res.MainMonthBarDataList
    },
```

3.14 阶梯瀑布图

阶梯瀑布图可以展示出某个时间区间累计值和变化值的增减情况。根据阶梯瀑布图的高度，可以清晰地了解累计值的变化趋势；根据不同的颜色区分，可以清晰地了解每个时间区间的数据增减情况。

在 2.15 节的基础上，本节的后台 REST 服务需要重新定义新类和新成员，并在构造函数中实例化新成员，如程序代码 3-40 所示。

程序代码 3-40 添加新类和新成员，并在构造函数中实例化新成员

```
[DataContract]
public class bar_DataStruct7
{
    [DataMember]
    public List<double> DataList_NewRecovered { get; set; }
    [DataMember]
    public List<double> DataList_NewDeath { get; set; }
    [DataMember]
    public ArrayList DataList_Recovered { get; set; }
    [DataMember]
    public ArrayList DataList_Death { get; set; }
    [DataMember]
    public List<string> DateList { get; set; }
    [DataMember]
    public List<string> TypeList { get; set; }
    [DataMember]
    public List<double> DataList_Fuzhu { get; set; }
    public bar_DataStruct7()
    {
        DataList_NewRecovered = new List<double>();
        DataList_NewDeath = new List<double>();
        DateList = new List<string>();
        TypeList = new List<string>();
        DataList_Recovered = new ArrayList();
        DataList_Death = new ArrayList();
        DataList_Fuzhu = new List<double>();
    }
}
```

设置符合 ECharts 要求的数据，如程序代码 3-41 所示。

程序代码 3-41 设置符合 ECharts 要求的数据

```
bar_DataStruct7.DateList = bar_DataStruct7.DateList.GetRange(30, 12);
//每隔三天的治愈人数
List<double> data_Recovered = bar_DataStruct7.DataList_NewRecovered.GetRange(30,12);
for (int i = 0; i < 12; i++)
```

```
        {
            if (i==3||i==4||i==5||i==9||i==10||i==11)
            {
                bar_DataStruct7.DataList_Recovered.Add("_");
            }
            else
            {
                bar_DataStruct7.DataList_Recovered.Add(data_Recovered[i]);
            }
        }
        //每隔三天的死亡人数
        List<double> data_Death = bar_DataStruct7.DataList_NewDeath.GetRange(30, 12);
        for (int i = 0; i < 12; i++)
        {
            if (i == 0 || i == 1 || i == 2 || i == 6 || i == 7 || i == 8)
            {
                bar_DataStruct7.DataList_Death.Add("_");
            }
            else
            {
                bar_DataStruct7.DataList_Death.Add(data_Death[i]);
            }
        }
        //辅助数据
        bar_DataStruct7.DataList_Fuzhu = new List<double>() { 0, 356, 783, 958, 842, 703, 703, 1552, 2568, 3658, 3550, 3435 };
```

3.15 动态更新图形

本节的后台 REST 服务直接使用 3.10 节的后台 REST 服务，这里不再详述。本节 ECharts 中的参数设置请参照前面章节中对应参数的设置，这里仅介绍 setInterval 方法，该方法可按照指定的周期（以毫秒计）来调用函数或计算表达式。setInterval 方法会不停地调用函数，直到 clearInterval 方法被调用或窗口被关闭为止。由 setInterval 方法返回的 ID 值可作为 clearInterval 方法的参数。

由于本节通过调用后台 REST 服务对数据进行渲染，因此在 setInterval 方法中设置每隔 2 s 输出一次的数据，需要使用 for 循环遍历后台数据。由于 setInterval 方法执行的是异步任务，for 循环执行的是同步任务，这个过程会不断重复。为了不使 setInterval 方法延迟执行，本书使用了闭包。闭包是一种保护私有变量的机制，在函数执行时形成私有的作用域，保护里面的私有变量不受外界干扰。也就是说，闭包形成了一个不销毁的栈环境，通过调用父函数 function() 返回参数 i，而 i 就是 setInterval 方法中返回的内容，这样就解决了 JavaScript 中先执行同步，再执行异步的问题，如程序代码 3-42 所示。

程序代码 3-42　设置 setInterval 方法中的数据

```
var count = 1;
for (var i=11;i <53;i++)
{
    (function(i){setInterval(function (){
        var axisData = date[i];
        var data0 = option.series[0].data;
        var data1 = option.series[1].data;
        data0.shift();
        data0.push(data_1[i]);
        data1.shift();
        data1.push(data_2[i]);
        option.xAxis[0].data.shift();
        option.xAxis[0].data.push(axisData);
        option.xAxis[1].data.shift();
        option.xAxis[1].data.push(count++);
        myChart1.setOption(option);
    }, i*2000);})(i);
}
```

第4章 大数据图形可视化之饼图

4.1 饼图标签对齐

饼图常用于统计学，饼图显示的是一个数据系列中各项数据的大小与各项数据总和的比例。饼图中只有一个数据系列，饼图中的数据点表示的是整个饼图的百分比，数据点是图表中绘制的单个值。

在 3.13 节的基础上，本节的后台 REST 服务首先需要重新定义新类和新成员，并在构造函数中实例化新成员，如程序代码 4-1 所示。

程序代码 4-1　添加新类和新成员，并在构造函数中实例化新成员

```
[DataContract]
public class Pie_DataStruct1
{
    [DataMember]
    public List<MainProvincePieData1> mainProvincePieData1List1;
    [DataMember]
    public List<MainProvincePieData2> mainProvincePieData1List2;
    [DataMember]
    public List<double> DataList_Confirmed { get; set; }
    [DataMember]
    public List<string> ProvinceNameList { get; set; }
    [DataMember]
    public List<string> DataList { get; set; }
    public Pie_DataStruct1()
    {
        mainProvincePieData1List1 = new List<MainProvincePieData1>();
        mainProvincePieData1List2 = new List<MainProvincePieData2>();
        DataList_Confirmed = new List<double>();
        ProvinceNameList = new List<string>();
        DataList = new List<string>();
    }
```

```
}
[DataContract]
public class MainProvincePieData1
{
    [DataMember]
    public string name { get; set; }
    [DataMember]
    public double value { get; set; }
}
[DataContract]
public class MainProvincePieData2
{
    [DataMember]
    public string name { get; set; }
    [DataMember]
    public double value { get; set; }
}
```

然后访问 china_provinceNew_recovered 文件，如程序代码 4-2 所示。

程序代码 4-2　访问文件

```
string path = @"..\..\..\..\data_shp";
IFeatureWorkspace pFeatWS = pWorkspaceFactory.OpenFromFile(path, 0) as IFeatureWorkspace;
IFeatureClass pFeatureClass = pFeatWS.OpenFeatureClass("china_provinceNew_recovered");
```

接着获取各个省的名称，并存放到 ProvinceNameList 列表中，获取字段名为 T20200302 中的数值，并存放到 DataList_Confirmed 列表中，如程序代码 4-3 所示。

程序代码 4-3　获取数据

```
for (int i = 0; i < fields.FieldCount; i++)
{
    if (fields.get_Field(i).Name == "NAME")
    {
        string fieldData = pFeature.get_Value(i).ToString();
        pie_DataStruct1.ProvinceNameList.Add(fieldData);
    }
    if (fields.get_Field(i).Name == "T20200302")
    {
        double fieldData = Convert.ToDouble(pFeature.get_Value(i).ToString());
        pie_DataStruct1.DataList_Confirmed.Add(Math.Abs(Convert.ToDouble(
                                    pFeature.get_Value(i).ToString())));
    }
}
```

最后将获取到的数据设置为符合 ECharts 需要的 key-value 形式的数据，如程序代码 4-4 所示。

程序代码 4-4　设置为 key-value 形式的数据

```
pie_DataStruct1.ProvinceNameList = pie_DataStruct1.ProvinceNameList.GetRange(0, 8);
for (int i = 0; i < pie_DataStruct1.DataList_Confirmed.Count - 5; i++)
{
    string name = pie_DataStruct1.ProvinceNameList[i];
    double value = pie_DataStruct1.DataList_Confirmed[i];
    pie_DataStruct1.mainProvincePieData1List1.Add(new MainProvincePieData1() {
        name = name, value = value });
}
```

要实现饼图对齐，还需要设置 ECharts.option.series 的参数，相关参数如下：

label.alignTo：表示标签的对齐方式，该参数仅当 position 的取值为 outer 时有效。当该参数的取值为 none（默认值）时表示标签的长度为固定值；当该参数的取值为 labelLine 时表示标签的末端对齐；当该参数的取值为 edge 时表示文字边缘对齐，文字的边缘由 label.margin 决定。

label.bleedMargin：表示文字的界线大小，超过界线的文字将被裁剪为"…"。仅当 label.position 的取值为 outer 并且 label.alignTo 的取值为 none 或 labelLine 时，该参数才有效。

label.margin：表示文字边距，仅当 label.position 的取值为 outer 并且 label.alignTo 的取值为 edge 时，该参数才有效。

以上参数的具体设置如程序代码 4-5 所示。

程序代码 4-5　设置 series 中的参数

```
series: [{
    type: 'pie',
    radius: '20%',
    center: ['50%', '50%'],
    data: data,
    color:colors,
    animation: false,
    label: {
        position: 'outer',
        alignTo: 'none',
        bleedMargin: 1
    },
    left: 0,
    right: '66.6667%',
    top: 0,
    bottom: 0
},
{
    type: 'pie',
    radius: '20%',
    center: ['50%', '50%'],
    data: data,
    animation: false,
```

```
        label: {
            position: 'outer',
            alignTo: 'edge',
            margin: 10
        },
        left: '66.6667%',
        right: 0,
        top: 0,
        bottom: 0
}]
```

4.2 自定义饼图

本节的后台 REST 服务直接使用 4.1 节的后台 REST 服务,这里不再详述。只需要修改 ECharts.option.series 中的部分参数即可实现自定义饼图,相关参数如下:

roseType:表示饼图渲染模式,可通过半径区分数据的大小。该参数有两个可选值:radius 表示使用扇区圆心角展示数据的百分比,使用半径展示数据的大小;area 表示所有扇区的圆心角相同,仅通过半径展示数据的大小。

animationEasing:表示初始动画的缓动效果。

animationDelay:表示初始动画的延迟,支持回调函数,可以通过每个数据返回不同的延迟时间,实现更加明显的初始动画效果。

Math.random 方法的返回值是 0(包含)到 1(不包含)之间的一个随机数,本书中的 Math.random() *200 表示获取 0~200 之间的一个随机数。

以上参数的具体设置如程序代码 4-6 所示。

程序代码 4-6 设置 series 的参数

```
series: [
    {
        name: '新增治愈人数',
        type: 'pie',
        radius: '55%',
        center: ['50%', '50%'],
        data: res.mainProvincePieData1List1.sort(function (a, b) { return a.value - b.value; }),
        roseType: 'radius',
        label: {
            color: '#c23531'
        },
        labelLine: {
            lineStyle: {
                color: '#c23531'
            },
            smooth: 0.2,
            length: 10,
```

```
                length2: 20
            },
            itemStyle: {
                color: '#c23531',
                shadowBlur: 200,
                shadowColor: 'rgba(0, 0, 0, 0.5)'
            },
            animationType: 'scale',
            animationEasing: 'elasticOut',
            animationDelay: function (idx) {
                return Math.random() * 200;
            }
        }
    ]
```

4.3 圆环图

本节的后台 REST 服务直接使用 4.1 节的后台 REST 服务，这里不再详述。只需要修改 ECharts.option.series 中的部分参数即可实现圆环图，相关参数如下：

avoidLabelOverlap：表示是否启用防止标签重叠策略，默认为启用，在标签拥挤重叠的情况下会挪动各个标签的位置，防止标签间的重叠。

fontWeight：表示文字字体的粗细，可选值包括 normal、bold、bolder、lighter 或具体大小的数值。

以上参数的具体设置如程序代码 4-7 所示。

程序代码 4-7　设置 series 中的参数

```
series: [
    {
        name: '新增治愈人数',
        type: 'pie',
        radius: ['50%', '70%'],
        avoidLabelOverlap: false,
        label: {
            show: false,
            position: 'center'
        },
        emphasis: {
            label: {
                show: true,
                fontSize: '30',
                fontWeight: 'bold'
            }
        },
        labelLine: {
```

```
                show: false
            },
            data: res.mainProvincePieData1List1
        }
    ]
```

4.4 带滚动图例的饼图

在 4.1 节的基础上，本节的后台 REST 服务需要修改数据的形式，使其符合 ECharts 的需求。函数 Regex.Split(name, "", RegexOptions.IgnoreCase)的作用是把 name 中的每个字符串按空格分割，RegexOptions.IgnoreCase 表示忽略大小写。该函数先通过 foreach 循环和 if 语句对 sArray 中的每个字符串进行筛选，去掉重复的字符串和空格；再将剩余的字符串依次存放到 DataList 数组中，如程序代码 4-8 所示。

程序代码 4-8　设置数据格式

```
string[] sArray = Regex.Split(name, "", RegexOptions.IgnoreCase);
foreach (string item in sArray)
{
    if (!pie_DataStruct1.DataList.Contains(item) && item != "")
    {
        pie_DataStruct1.DataList.Add(item);
    }
};
```

要实现带滚动图例的饼图，还需要设置 ECharts.option 中的参数，相关参数如下：

legend.selected：表示图例选中状态表。

legend.type：当该参数的取值为 scroll 时，表示可滚动翻页的图例，在图例数量较多时可以使用该参数。

设置图例样式如程序代码 4-9 所示。

程序代码 4-9　设置图例样式

```
legend: {
    type: 'scroll',
    orient: 'vertical',
    right: 10,
    top: 20,
    bottom: 20,
    data: data.legendData,
    selected: data.selected
},
```

通过调用数据生成器 genData 可返回 legendData、seriesData、selected，数据生成器中的参数 count 表示数据生成的次数。在使用数据生成器之前，需要先定义 makeWord 方法，其中 math.ceil(x)方法返回大于或等于参数 x 的最小整数，即对浮点数向上取整。

legendData 中存放的数据实际上是赋给变量 name 的值,所以首先要判断 Math.random 方法产生的随机数是否大于 0.65;如果条件成立,则通过调用 makeWord 方法创建一个被指定变量连接而成的 word 变量,返回值是一个 word 变量,从而获得变量 name 的赋值;最后通过 push 方法将赋给变量 name 的值保存到 legendData。seriesData 中的数据采用的是 key-value 形式,value 的值是 0~100000 之间的随机数经过四舍五入之后的数值。selected 中存放了 6 个省的名称,图例中会正常显示被选中的 6 个省,没被选中的省则以灰色显示。

以上参数的具体设置如程序代码 4-10 所示。

程序代码 4-10　生成数据

```
var data = genData(10)
function genData(count) {
    var nameList = res.DataList;
    var legendData = [];
    var seriesData = [];
    var selected = {};
    for (var i = 0; i < count; i++) {
        name = Math.random() > 0.65
            ? makeWord(4, 1) + '·' + makeWord(3, 0)
            : makeWord(2, 1);
        legendData.push(name);
        seriesData.push({
            name: name,
            value: Math.round(Math.random() * 100000)
        });
        selected[name] = i < 6;
    }
    return {
        legendData: legendData,
        seriesData: seriesData,
        selected: selected
    };
    function makeWord(max, min) {
        var nameLen = Math.ceil(Math.random() * max + min);
        var name = [];
        for (var i = 0; i < nameLen; i++) {
            name.push(nameList[Math.round(Math.random() * nameList.length - 1)]);
        }
        return name.join('');
    }
}
```

4.5　内嵌饼图

在 4.1 节的基础上,本节的后台 REST 服务需要设置符合 ECharts 要求的数据形式,如程序代码 4-11 所示。

程序代码 4-11　设置数据形式

```
for (int i = 0; i < pie_DataStruct1.DataList_Confirmed.Count - 5; i++)
{
    string name = pie_DataStruct1.ProvinceNameList[i];
    double value = pie_DataStruct1.DataList_Confirmed[i];
    pie_DataStruct1.mainProvincePieData1List1.Add(new MainProvincePieData1() { name = name, value = value });
}
//饼图需要的内环数据
for (int i = 0; i < pie_DataStruct1.DataList_Confirmed.Count - 10; i++)
{
    string name = pie_DataStruct1.ProvinceNameList[i];
    double value = pie_DataStruct1.DataList_Confirmed[i];
    pie_DataStruct1.mainProvincePieData1List2.Add(new MainProvincePieData2() { name = name, value = value });
}
```

要实现内嵌饼图，还需要设置 ECharts.option.series 中的参数，相关参数如下：

selectedMode：表示是否支持多个选中的模式，默认为不支持。该参数支持布尔值和字符串，字符串的可选值包括 single、multiple，分别表示单选和多选。

label.position：表示标签的位置。当该参数的取值为 outside 时表示标签在饼图扇区外侧，通过视觉引导线连到相应的扇区；当该参数的取值为 inside 时表示标签在饼图扇区内部；取值 inner 同取值 inside 相同；当该参数的取值为 center 时表示标签在饼图中心位置。

label.borderRadius：表示文字块的圆角。

label.rich：在 rich 中可以自定义富文本样式。利用富文本样式，可以在标签中实现非常丰富的效果。label.formatter 中的内容样式调用的就是 label.rich 自定义的富文本标签样式。

label.rich.padding：表示文字块的内边距。例如，"padding: [3, 4, 5, 6]"表示"[上，右，下，左]"的边距；"padding: 4"表示"padding: [4, 4, 4, 4]"；"padding: [3, 4]"表示"padding: [3, 4, 3, 4]"。注意，文字块的 width 和 height 指定的是内容的宽度和高度，不包含 padding。

以上参数的具体设置如程序代码 4-12 所示。

程序代码 4-12　设置 seris 中的参数

```
series: [{
    name: '新增治愈人数',
    type: 'pie',
    selectedMode: 'single',
    radius: [0, '30%'],
    label: {position: 'inner'},
    labelLine: {show: false},
    data: res.mainProvincePieData1List2
},{
    name: '新增治愈人数',
    type: 'pie',
```

```
            radius: ['40%', '55%'],
            label: {
                formatter: '{a|{a}}{abg|}\n{hr|}\n   {b|{b}：}{c}   {per|{d}%}   ',
                backgroundColor: '#eee',
                borderColor: '#aaa',
                borderWidth: 1,
                borderRadius: 4,
                rich: {
                    a: {
                        color: '#999',
                        lineHeight: 22,
                        align: 'center'
                    },
                    hr: {
                        borderColor: '#aaa',
                        width: '100%',
                        borderWidth: 0.5,
                        height: 0
                    },
                    b: {
                        fontSize: 16,
                        lineHeight: 33
                    },
                    per: {
                        color: '#eee',
                        backgroundColor: '#334455',
                        padding: [2, 4],
                        borderRadius: 2
                    }
                }
            },
            data: res.mainProvincePieData1List1
}]
```

4.6 纹理饼图

本节的后台 REST 服务直接使用 4.1 节的后台 REST 服务，只需要设置 ECharts.option 中的部分参数即可实现纹理饼图。在设置 ECharts.option 中的参数之前，需要先获取纹理图片的地址，加载纹理图片，并自定义图形样式。图形样式的参数设置如下：

itemStyle.color：表示纹理填充。

color.image：表示支持 HTMLImageElement 和 HTMLCanvasElement，不支持路径字符串。

color.repeat：表示是否平铺，当该参数的取值为 repeat 时表示平铺，可以是 repeat-x、repeat-y、no-repeat。

itemStyle.borderColor：表示描边的颜色。

以上参数的具体设置如程序代码 4-13 所示。

程序代码 4-13　加载纹理图片并自定义图形样式

```
var piePatternSrc = 'data:image/jpeg;base64,/9j/4AAQSkZJRgABAQEBLAEsAAD/......
var piePatternImg = new Image();
piePatternImg.src = piePatternSrc;
var bgPatternImg = new Image();
bgPatternImg.src = bgPatternSrc;
var itemStyle = {
    normal: {
        opacity: 0.7,
        color: {
            image: piePatternImg,
            repeat: 'repeat'
        },
        borderWidth: 3,
        borderColor: '#235894'
    }
};
```

需要设置的 ECharts.option.series 部分参数如下：

pie.selectedOffset：表示选中扇区的偏移距离。

pie.clockwise：表示饼图的扇区是否按顺时针排布。

以上参数的具体设置如程序代码 4-14 所示。

程序代码 4-14　设置 series 中的参数

```
series: [{
    name: 'pie',
    type: 'pie',
    selectedMode: 'single',
    selectedOffset: 30,
    clockwise: true,
    label: {
        fontSize: 18,
        color: '#235894'
    },
    labelLine: {
        lineStyle: {
            color: '#235894'
        }
    },
    data: res.mainProvincePieData1List1,
    itemStyle: itemStyle
}]
```

# 第 5 章 大数据图形可视化之散点图

5.1 基本散点图

散点图是指在回归分析中，数据点在直角坐标系平面上的分布图。散点图可以表示因变量随自变量的大致变化趋势，据此可以选择合适的函数对数据点进行拟合。使用两组数据构成多个坐标点，考察坐标点的分布可以判断两组数据之间是否存在某种关联或总结坐标点的分布模式。散点图将序列显示为一组点，值由点在图表中的位置表示，类别由图表中的不同标记表示。

在 3.10 节的基础上，本节首先重新定义了新类和新成员，并在构造函数中实例化新成员，如程序代码 5-1 所示。

程序代码 5-1 定义新类和新成员，并在构造函数中实例化新成员

```
[DataContract]
public class Scatter_DataStruct11
{
    [DataMember]
    public List<double> DataList_NewRecovered { get; set; }
    [DataMember]
    public List<double> DataList_NewDeath { get; set; }
    [DataMember]
    public List<List<double>> DataListList { get; set; }
    [DataMember]
    public List<string> DateList { get; set; }
    [DataMember]
    public List<string> TypeList { get; set; }
    public Scatter_DataStruct11()
    {
        DataList_NewRecovered = new List<double>();
        DataList_NewDeath = new List<double>();
        DateList = new List<string>();
        TypeList = new List<string>();
```

```
            DataListList=new List<List<double>>();
    }
}
```

然后访问 HBrecovered_New 和 HBdeath_NewPositive 这两个文件，如程序代码 5-2 所示。

程序代码 5-2　访问文件

```
string path = @"..\..\..\..\data_shp";
IFeatureWorkspace pFeatWS = pWorkspaceFactory.OpenFromFile(path, 0) as IFeatureWorkspace;
string[] layers = new string[2] { "HBrecovered_New", "HBdeath_NewPositive" };
```

接着获取访问文件中的数值并存放到相应的列表中，如程序代码 5-3 所示。

程序代码 5-3　获取文件中的数值

```
if (n == 0)
{
    dataStruct11.DataList_NewRecovered.Add(Math.Abs(Convert.ToDouble(pFeature.get_Value(i).ToString())));
}
else
{
    dataStruct11.DataList_NewDeath.Add(Math.Abs(Convert.ToDouble(pFeature.get_Value(i).ToString())));
}
```

最后将获取到的数据转换为二维数组格式，如程序代码 5-4 所示。

程序代码 5-4　设置数据为二维数组格式

```
for (int i = 0; i < dataStruct11.DataList_NewRecovered.Count; i++)
{
    List<double> dataList = new List<double>();
    dataList.Add(dataStruct11.DataList_NewRecovered[i]);
    dataList.Add(dataStruct11.DataList_NewDeath[i]);
    dataStruct11.DataListList.Add(dataList);
}
```

完成后台 REST 服务之后，还需要设置 ECharts.option 的样式，series.type 表示散点（气泡）图。直角坐标系上的散点图可以用来展现数据在 x 轴和 y 轴之间的关系，如果数据有多个维度，其他维度的值既可以通过大小不同的 symbol 表示成气泡图，也可以用颜色来表示，这些可以使用 visualMap 组件完成。散点图可以应用在直角坐标系、极坐标系和地理坐标系中。option 的参数设置如程序代码 5-5 所示。

程序代码 5-5　设置 option 参数

```
option = {
    xAxis: {},
    yAxis: {},
    series: [{
        symbolSize: 8,
        data: res.DataListList,
        type: 'scatter'
    }]
};
```

5.2 气泡图

气泡图是一种可以表示变量之间相关性的图表。与散点图相同的是，气泡图可以在直角坐标系中表示两组数据在 x 轴和 y 轴上的关系，数据显示为点的集合；与散点图不同的是，气泡图是一种多变量图，它增加了第三个数值，即气泡的大小，在气泡图中，较大的气泡表示较大的值。通过气泡的位置分布和大小比例，可以分析数据的规律。

在 5.1 节的基础上，本节首先重新定义了新类和新成员，并在构造函数中实例化新成员，如程序代码 5-6 所示。

程序代码 5-6　定义新类和新成员，并在构造函数中实例化新成员

```
[DataContract]
public class Scatter_DataStruct2
{
    [DataMember]
    public List<double> DataList_Confirmed0225 { get; set; }
    [DataMember]
    public List<double> DataList_Death0225 { get; set; }
    [DataMember]
    public List<double> DataList_Recovered0225 { get; set; }
    [DataMember]
    public List<double> DataList_Confirmed0302 { get; set; }
    [DataMember]
    public List<double> DataList_Death0302 { get; set; }
    [DataMember]
    public List<double> DataList_Recovered0302 { get; set; }
    [DataMember]
    public List<string>  ProvinceNameList { get; set; }
    [DataMember]
    public List<ArrayList> DataListList0225 { get; set; }
    [DataMember]
    public List<ArrayList> DataListList0302 { get; set; }
    [DataMember]
    public List<string> DateList { get; set; }
    public Scatter_DataStruct2()
    {
        DataList_Confirmed0225 = new List<double>();
        DataList_Death0225 = new List<double>();
        DataList_Recovered0225 = new List<double>();
        DataList_Confirmed0302 = new List<double>();
        DataList_Death0302 = new List<double>();
        DataList_Recovered0302 = new List<double>();
        ProvinceNameList=new List<string>();
        DateList = new List<string>();
```

```csharp
            DataListList0225 = new List<ArrayList>();
            DataListList0302 = new List<ArrayList>();
    }
}
```

然后访问 china_provinceNoHB_confirmed、china_provinceNoHB_death、china_provinceNoHB_reconvered 这三个文件，如程序代码 5-7 所示。

程序代码 5-7　访问文件

```csharp
string path = @"..\..\..\..\data_shp";
IFeatureWorkspace pFeatWS = pWorkspaceFactory.OpenFromFile(path, 0) as IFeatureWorkspace;
string[] layers = new string[3] { "china_provinceNoHB_confirmed", "china_provinceNoHB_death", "china_provinceNoHB_reconvered" };
```

接着获取访问文件中字段名分别为 NAME、T20200225、T20200302 的数值并存放到相应的列表中，如程序代码 5-8 所示。

程序代码 5-8　获取指定字段名中的数值

```csharp
if (fields.get_Field(i).Name == "NAME")
{
    if (n == 0)
    {
        string fieldData = pFeature.get_Value(i).ToString();
        scatter_dataStruct2.ProvinceNameList.Add(fieldData);
    }
}
if (fields.get_Field(i).Name == "T20200225" )
{
    double fieldData =Convert.ToDouble(pFeature.get_Value(i).ToString());
    if (n == 0)
    {
        scatter_dataStruct2.DataList_Confirmed0225.Add(Math.Abs(Convert.ToDouble(pFeature.get_Value(i).ToString())));
    }
    else if (n == 1)
    {
        scatter_dataStruct2.DataList_Death0225.Add(Math.Abs(Convert.ToDouble(pFeature.get_Value(i).ToString())));
    }
    else
    {
        scatter_dataStruct2.DataList_Recovered0225.Add(Math.Abs(Convert.ToDouble(pFeature.get_Value(i).ToString())));
    }
}
if ( fields.get_Field(i).Name == "T20200302")
{
    double fieldData = Convert.ToDouble(pFeature.get_Value(i).ToString());
```

```
        if (n == 0)
        {
            scatter_dataStruct2.DataList_Confirmed0302.Add(Math.Abs(Convert.ToDouble(pFeature.get_Value(i).ToString())));
        }
        else if (n == 1)
        {
            scatter_dataStruct2.DataList_Death0302.Add(Math.Abs(Convert.ToDouble(pFeature.get_Value(i).ToString())));
        }
        else
        {
            scatter_dataStruct2.DataList_Recovered0302.Add(Math.Abs(Convert.ToDouble(pFeature.get_Value(i).ToString())));
        }
    }
```

为了符合 ECharts 的数据格式，需要对获取到的数据进行处理，其中 ArrayList 的用法请参考 2.6 节，如程序代码 5-9 所示。

程序代码 5-9　设置数据为二维数组格式

```
for (int i = 0; i < scatter_dataStruct2.DataList_Death0225.Count; i++)
{
    ArrayList dataList0225 = new ArrayList() { scatter_dataStruct2.DataList_Recovered0225[i], scatter_dataStruct2.DataList_Death0225[i],scatter_dataStruct2.DataList_Confirmed0225[i],    scatter_dataStruct2.ProvinceNameList[i] };
    scatter_dataStruct2.DataListList0225.Add(dataList0225);
    ArrayList dataList0302 = new ArrayList() { scatter_dataStruct2.DataList_Recovered0302[i], scatter_dataStruct2.DataList_Death0302[i],scatter_dataStruct2.DataList_Confirmed0302[i],    scatter_dataStruct2.ProvinceNameList[i] };
    scatter_dataStruct2.DataListList0302.Add(dataList0302);
}
```

ECharts.option 中部分参数的具体设置请参照 2.6 节，这里不再详述。在 5.1 节中，气泡的大小是通过数字设置的，只是为了可视化，没有特殊的含义。在本节中，气泡的大小表示的是一天中某省确诊人数的数量，气泡越大说明该省在一天内确诊的人数越多。气泡的大小可通过调用回调函数 function(data)返回的 data[2]除以 30 来设置，其中 data[2]表示确诊人数，读者可以根据实际需要设置气泡大小，如程序代码 5-10 所示。

程序代码 5-10　设置气泡大小

```
series: [{
    name: '20200225',
    data: data[0],
    type: 'scatter',
    symbolSize: function (data) {
        return data[2]/30;
    },
```

5.3 指数回归散点图

指数回归是指纵轴的数值随着横轴数值的逐渐增大而逐渐增大（或减小），接近指数函数曲线，纵轴数值增大表示正相关，纵轴数值减小则表示负相关。

本节在 3.8 节的基础上，首先定义了新类和新成员，并在构造函数中对新成员进行了实例化，如程序代码 5-11 所示。

程序代码 5-11　添加新类和新成员，并在构造函数中实例化新成员

```
[DataContract]
public class Scatter_DataStruct3
{
    [DataMember]
    public List<ArrayList> dataList { get; set; }
    public Scatter_DataStruct3()
    {
        dataList = new List<ArrayList>();
    }
}
```

然后访问 HBconfirmed_0302 文件，如程序代码 5-12 所示。

程序代码 5-12　访问文件

```
string path = @"..\..\..\..\data_shp";
IFeatureWorkspace pFeatWS = pWorkspaceFactory.OpenFromFile(path, 0) as IFeatureWorkspace;
IFeatureClass pFeatureClass = pFeatWS.OpenFeatureClass("HBconfirmed_0302");
```

接着获取访问文件中的数值和字段的序列号，并存放到 dataList 二维数组中，如程序代码 5-13 所示。

程序代码 5-13　获取文件中的数值

```
while (pFeature != null)
{
    //遍历所有的值
    for (int i = 0; i < fields.FieldCount; i++)
    {
        if (fields.get_Field(i).Name.Substring(0, 1) == "T")
        {
            double data=(Math.Abs(Convert.ToDouble(pFeature.get_Value(i).ToString())));
            ArrayList dataList = new ArrayList() {i,data };
            scatter_dataStruct3.dataList.Add(dataList);
        }
    }
    pFeature = pFCursor.NextFeature();
}
scatter_dataStruct3.dataList = scatter_dataStruct3.dataList.GetRange(7,30);
```

最后设置ECharts.option的相关参数，在设置相关参数之前需要先引入ecStat.js类库，如程序代码5-14所示。ecStat.js类库是一个用来进行数据分析的扩展工具，可实现直方图、聚类图、回归图，以及常用的汇总统计。通过统计扩展和ECharts的结合，可以使用户方便地实现可视分析，将数据分析的结果通过可视化的形式直观地呈现出来。

程序代码5-14　引入ecStat.js类库

```
<script src="..\lib\ECharts\ECharts.min.js"></script>
<script src="..\lib\ECharts\ecStat.js"></script>
<script src="..\lib\jQuery\jquery-3.4.1.min.js"></script>
<script src="..\lib\OpenLayers\ol.js"></script>
```

ecStat.regression(regressionType, data, order)是回归函数，其参数如下：

regressionType：表示回归算法类型（String），有四种回归算法类型，即linear、exponential、logarithmic和polynomial。

data：表示要统计的数据，是一个二维数组（Array），分别表示自变量和因变量的值。

order：表示多项式的阶数（number）。对于非多项式回归，可以忽略该参数。

ecStat.regression()函数的返回值是一个对象，包含用于绘制折线图的拟合数据点points、回归曲线的参数parameter，以及拟合出的曲线表达式expression。

JavaScript中sort方法可对数组数字项进行排序，其中的参数使用了比较函数。如果指明了比较函数，那么数组会调用指定的比较函数对返回值进行排序。

以上参数的具体设置如程序代码5-15所示。

程序代码5-15　调用指数回归方法

```
var myRegression = ecStat.regression('exponential', data);
myRegression.points.sort(function(a, b) {
    return a[0] - b[0];
});
```

需要设置的ECharts.option的相关参数如下：

xAxis.splitNumber：表示坐标轴的分割段数。需要注意的是：这个分割段数只是个预估值，最后实际显示的段数会在这个基础上根据分割后坐标轴刻度显示的易读程度进行调整。该参数在类目轴中无效。

series.markPoint.data.coord：表示标注的坐标。坐标格式由数据系列的坐标系而定，可以是直角坐标系上的x轴和y轴，也可以是极坐标系上的半径（radius）和角度（angle）。注意：对于axis.type为category类型的坐标轴，如果coord的取值为number，则表示axis.data的index；如果coord的取值为string，则表示axis.data中具体的值。

以上参数的具体设置如程序代码5-16和程序代码5-17所示。

程序代码5-16　设置x轴样式

```
xAxis: {
    type: 'value',
    splitLine: {
        lineStyle: {
            type: 'dashed'
```

```
        }
    },
    splitNumber: 10
},
```

程序代码 5-17　设置拟合曲线样式

```
{
    name: 'line',
    type: 'line',
    showSymbol: false,
    smooth: true,
    data: myRegression.points,
    markPoint: {
        itemStyle: {
            color: 'transparent'
        },
        label: {
            show: true,
            position: 'left',
            formatter: myRegression.expression,
            color: '#333',
            fontSize: 14
        },
        data: [{
            coord: myRegression.points[myRegression.points.length - 1]
        }]
    }
}
```

5.4 线性回归散点图

线性回归是利用数理统计中的回归分析，来确定两种或两种以上变量之间相互依赖的定量关系的一种统计分析方法，运用十分广泛。其表达形式为 $y=wx+e$，e 为误差，服从均值为 0 的正态分布。在回归分析中，如果只包括一个自变量和一个因变量，且二者的关系可用一条直线近似表示，则这种回归分析称为一元线性回归分析。

本节的后台 REST 服务直接使用 5.3 节的后台 REST 服务，首先在 5.3 节的基础上将 ECharts.option 中的参数由 exponential 改为 linear，如程序代码 5-18 所示。

程序代码 5-18　调用线性回归方法

```
var myRegression = ecStat.regression('linear', data);
myRegression.points.sort(function(a, b) {
    return a[0] - b[0];
});
```

然后将访问文件 HBconfirmed_0302 改为 HBconfirmed_New，如程序代码 5-19 所示。

程序代码 5-19　访问文件

```
string path = @"..\..\..\..\data_shp";
IFeatureWorkspace pFeatWS = pWorkspaceFactory.OpenFromFile(path, 0) as IFeatureWorkspace;
IFeatureClass pFeatureClass = pFeatWS.OpenFeatureClass("HBconfirmed_New");
```

5.5　对数回归散点图

在 5.2 节的基础上，本节只需要在后台 REST 服务中将 T20200225 和 T20200302 的数据放在二维数组 DataListList2502 中即可实现对数回归散点图，如程序代码 5-20 所示。

程序代码 5-20　形成只含数值的二维数组

```
ArrayList dataList2502 = new ArrayList() { scatter_dataStruct4.DataList_Recovered0225[i], scatter_dataStruct4.DataList_Death0225[i] };
scatter_dataStruct4.DataListList2502.Add(dataList2502);
```

在设置 ECharts.option 的参数之前，需要先定义数据，如程序代码 5-21 所示。ECharts.option 的参数设置详见 5.2 节和 5.3 节。

程序代码 5-21　定义数据

```
var data0 = [res.DataListList0225,res.DataListList0302];
var data = res.DataListList2502;
var myRegression = ecStat.regression('logarithmic', data);
myRegression.points.sort(function(a, b) {
    return a[0] - b[0];
});
```

5.6　单轴上的散点图

单轴上的散点图一般用于展现时间序列上的数据。在 5.5 节的基础上，本节的后台 REST 服务需要首先重新定义新类和新成员，并在构造函数中实例化新成员，如程序代码 5-22 所示。

程序代码 5-22　添加新类和新成员，并在构造函数中实例化新成员

```
[DataContract]
public class Scatter_DataStruct5
{
    [DataMember]
    public List<double> DataList_Recovered { get; set; }
    [DataMember]
    public List<string>  ProvinceNameList { get; set; }
    [DataMember]
    public List<ArrayList> DataListList { get; set; }
    [DataMember]
```

```
        public List<string> DateList { get; set; }
        public Scatter_DataStruct5()
        {
            DataList_Recovered = new List<double>();
            ProvinceNameList=new List<string>();
            DateList = new List<string>();
            DataListList = new List<ArrayList>();
        }
    }
```

然后将数据设置为 ECharts 所需的二维数组形式，如程序代码 5-23 所示。

程序代码 5-23　设置数据

```
while (pFeature != null)
{
    for (int i = 0; i < fields.FieldCount; i++)
    {
        if (fields.get_Field(i).Name == "NAME")
        {
            string fieldData = pFeature.get_Value(i).ToString();
            scatter_dataStruct5.ProvinceNameList.Add(fieldData);
        }
    }
    for (int i = fields.FieldCount-12; i < fields.FieldCount; i++)
    {
        if (fields.get_Field(i).Name.Substring(0, 1) == "T")
        {
            scatter_dataStruct5.DataList_Recovered.Add(Math.Abs(Convert.ToDouble(pFeature.get_Value(i).ToString())));
        }
    }
    pFeature = pFCursor.NextFeature();
}
scatter_dataStruct5.ProvinceNameList = scatter_dataStruct5.ProvinceNameList.GetRange(0,8);
for (int i = 0; i < 8; i++)
{
    for(int j = 0; j < 12; j++)
    {
        ArrayList data1 = new ArrayList();
        data1.Add(i);
        data1.Add(j);
        scatter_dataStruct5.DataListList.Add(data1);
    }
}
for (int i = 0; i <scatter_dataStruct5.DataListList.Count; i++)
{
    scatter_dataStruct5.DataListList[i].Add(scatter_dataStruct5.DataList_Recovered[i]);
}
```

接着调用后台 REST 服务中的数据，并设置 option 中的参数，其中 singleAxis 表示单轴，可以在散点图中展现一维数据，如程序代码 5-24 所示。

程序代码 5-24　调用后台 REST 服务中的数据并设置 option 中的参数

```
var dates = res.DateList;
var provinces = res.ProvinceNameList;
var data = res.DataListList,
option = {
    tooltip: {
        position: 'top'
    },
    title: [],
    singleAxis: [],
    series: []
};
```

设置完 option 中的参数后，最后还要对后台 REST 服务的数据进行遍历并设置相应的样式，如程序代码 5-25 所示。dataItem 表示取出 data 二维数组中每一个一维数组，dataItem[0] 表示 data 二维数组中每一个一维数组的第一个数值。singleAxisIndex 表示单个时间轴的 index，默认值为 0（因为只有单个轴）。

程序代码 5-25　遍历数据并设置相应的样式

```
ECharts.util.each(provinces, function (province, idx) {
    option.title.push({
        textBaseline: 'middle',
        top: (idx + 0.5) * 70 / 7 + '%',
        text: province
    });
    option.singleAxis.push({
        left: 150,
        type: 'category',
        boundaryGap: false,
        data: dates,
        top: (idx * 70 / 7 + 5) + '%',
        height: (70 / 7 - 10) + '%',
        axisLabel: {
            interval: 2
        }
    });
    option.series.push({
        singleAxisIndex: idx,
        coordinateSystem: 'singleAxis',
        type: 'scatter',
        data: [],
        symbolSize: function (dataItem) {
```

```
                    return dataItem[1] /2;
            }
        });
    });
    ECharts.util.each(data, function (dataItem) {
        option.series[dataItem[0]].data.push([dataItem[1], dataItem[2]]);
    });
```

第 6 章 大数据图形可视化之雷达图

6.1 基础雷达图

雷达图是一种在从同一点开始的轴上表示三个或更多个变量的二维图表，雷达图也称为网络图、蜘蛛图、星图、蜘蛛网图、不规则多边形图、极坐标图等。

在 3.10 节的基础上，本节的后台 REST 服务首先重新定义类和成员，并在构造函数中实例化新成员，如程序代码 6-1 所示。

程序代码 6-1 定义新类和新成员，并在构造函数中实例化新成员

```
[DataContract]
public class Radar_DataStruct1
{
    [DataMember]
    public List<MainProvinceRadarData1> mainProvinceRadarData1List1;
    [DataMember]
    public List<double> DataList_Confirmed { get; set; }
    [DataMember]
    public List<double> DataList_Recovered { get; set; }
    [DataMember]
    public List<double> DataList_Death { get; set; }
    [DataMember]
    public List<string> ProvinceNameList { get; set; }
    [DataMember]
    public List<string> TypeList { get; set; }
    [DataMember]
    public List<string> DateList { get; set; }
    [DataMember]
    public List<string> DataList { get; set; }
    public Radar_DataStruct1()
    {
        mainProvinceRadarData1List1 = new List<MainProvinceRadarData1>();
        DataList_Confirmed = new List<double>();
```

```
                DataList_Death = new List<double>();
                DataList_Recovered = new List<double>();
                ProvinceNameList = new List<string>();
                TypeList = new List<string>();
                DateList = new List<string>();
                DataList = new List<string>();
            }
        }
        [DataContract]
        public class MainProvinceRadarData1
        {
            [DataMember]
            public string name { get; set; }
            [DataMember]
            public double max { get; set; }
        }
```

然后将获取到的数据设置成 ECharts 中的 key-value 形式，如程序代码 6-2 所示。

程序代码 6-2　设置数据

```
        radar_DataStruct1.DateList = radar_DataStruct1.DateList.GetRange(radar_DataStruct1.DateList.Count - 5, 5);
        radar_DataStruct1.DataList_Confirmed = radar_DataStruct1.DataList_Confirmed.GetRange(radar_DataStruct1.DataList_Confirmed.Count - 5, 5);
        radar_DataStruct1.DataList_Recovered = radar_DataStruct1.DataList_Recovered.GetRange(radar_DataStruct1.DataList_Recovered.Count - 5, 5);
        double day1 = radar_DataStruct1.DataList_Recovered[0] * 1.2;
        double day2 = radar_DataStruct1.DataList_Recovered[1] * 1.2;
        double day3 = radar_DataStruct1.DataList_Recovered[2] * 1.2;
        double day4 = radar_DataStruct1.DataList_Recovered[3] * 1.2;
        double day5 = radar_DataStruct1.DataList_Recovered[4] * 1.2;
        radar_DataStruct1.mainProvinceRadarData1List1.Add(new MainProvinceRadarData1() { name = radar_DataStruct1.DateList[0], max = day1 });
        radar_DataStruct1.mainProvinceRadarData1List1.Add(new MainProvinceRadarData1() { name = radar_DataStruct1.DateList[1], max = day2 });
        radar_DataStruct1.mainProvinceRadarData1List1.Add(new MainProvinceRadarData1() { name = radar_DataStruct1.DateList[2], max = day3 });
        radar_DataStruct1.mainProvinceRadarData1List1.Add(new MainProvinceRadarData1() { name = radar_DataStruct1.DateList[3], max = day4 });
        radar_DataStruct1.mainProvinceRadarData1List1.Add(new MainProvinceRadarData1() { name = radar_DataStruct1.DateList[4], max = day5 });
```

最后设置 ECharts.option 中的相关参数，相关参数如下：

radar：表示雷达图坐标系组件，该参数只适用于雷达图。与极坐标系不同之处是，雷达图坐标系的每个坐标轴都是一个单独的维度，可以通过 name、axisLine、axisTick、axisLabel、splitLine、splitArea 来设置坐标轴的样式。

radar.indicator：表示雷达图的指示器，用来指定雷达图中的多个变量（维度）。

radar.indicator.name：表示指示器名称。

radar.indicator.max：表示指示器的最大值，该参数可选。

以上参数的具体设置如程序代码 6-3 所示。

程序代码 6-3　设置 option 中的参数

```
option = {
    title: {
        text: '基础雷达图'
    },
    tooltip: {},
    legend: {
        data: res.TypeList,
        right:"center"
    },
    radar: {
        //shape: 'circle',
        name: {
            textStyle: {
                color: '#fff',
                backgroundColor: '#999',
                borderRadius: 3,
                padding: [1, 5]
            }
        },
        indicator:res.mainProvinceRadarData1List1
    },
```

6.2　多变量雷达图

在 6.1 节的基础上，本节首先获取除湖北省以外地区在 6 天内的确诊人数、死亡人数、治愈人数，以二维数组的形式存放进相应的数组中，如程序代码 6-4 所示。

程序代码 6-4　设置数据为二维数组形式

```
double index = 1;
while (pFeature != null)
{
    List<double> dataRowList_Confirmed = new List<double>();
    List<double> dataRowList_Death = new List<double>();
    List<double> dataRowList_Recovered = new List<double>();
    for (int i = fields.FieldCount - 6; i < fields.FieldCount; i++)
    {
        if (n == 0)
        {
            dataRowList_Confirmed.Add(Math.Abs(Convert.ToDouble(pFeature.get_Value(i).ToString())));
            if (dataRowList_Confirmed.Count == 6)
            {
```

```
                    dataRowList_Confirmed.Add(index);
                    index++;
                    radar_DataStruct1.DataListList_Confirmed.Add(dataRowList_Confirmed);
                }
            }
            else if (n == 1)
            {
                dataRowList_Death.Add(Math.Abs(Convert.ToDouble(pFeature.get_Value(i).ToString())));
                if (dataRowList_Death.Count == 6)
                {
                    dataRowList_Death.Add(index);
                    index++;
                    radar_DataStruct1.DataListList_Death.Add(dataRowList_Death);
                }
            }
            else
            {
                dataRowList_Recovered.Add(Math.Abs(Convert.ToDouble(pFeature.get_Value(i).ToString())));
                if (dataRowList_Recovered.Count == 6)
                {
                    dataRowList_Recovered.Add(index);
                    index++;
                    radar_DataStruct1.DataListList_Recovered.Add(dataRowList_Recovered);
                }
            }
        }
        pFeature = pFCursor.NextFeature();
    };
```

接着设置符合 ECharts 的 key-value 形式，如程序代码 6-5 所示。

程序代码 6-5　设置数据为 key-value 形式

```
double maxValue = 1350 * 1.2;
radar_DataStruct1.mainProvinceRadarData1List1.Add(new MainProvinceRadarData1() { name = radar_DataStruct1.DateList[0], max = maxValue });
radar_DataStruct1.mainProvinceRadarData1List1.Add(new MainProvinceRadarData1() { name = radar_DataStruct1.DateList[1], max = maxValue });
radar_DataStruct1.mainProvinceRadarData1List1.Add(new MainProvinceRadarData1() { name = radar_DataStruct1.DateList[2], max = maxValue });
radar_DataStruct1.mainProvinceRadarData1List1.Add(new MainProvinceRadarData1() { name = radar_DataStruct1.DateList[3], max = maxValue });
radar_DataStruct1.mainProvinceRadarData1List1.Add(new MainProvinceRadarData1() { name = radar_DataStruct1.DateList[4], max = maxValue });
radar_DataStruct1.mainProvinceRadarData1List1.Add(new MainProvinceRadarData1() { name = radar_DataStruct1.DateList[5], max = maxValue });
```

6.3 雷达图样式设置

在 6.2 节的基础上，本节的后台 REST 服务首先重新定义新类和新成员，并在构造函数中实例化新成员，如程序代码 6-6 所示。

程序代码 6-6　添加新类和新成员，并在构造函数中实例化新成员

```
[DataContract]
public class Radar_DataStruct1
{
    [DataMember]
    public List<MainProvinceRadarData3> mainProvinceRadarData1List3;
    [DataMember]
    public List<double> DataList_Recovered { get; set; }
    [DataMember]
    public List<double> DataList_Recovered_New { get; set; }
    [DataMember]
    public List<double> DataList_Death_New { get; set; }
    [DataMember]
    public List<double> DataList_Death { get; set; }
    [DataMember]
    public List<string> TypeList { get; set; }
    [DataMember]
    public List<string> DateList { get; set; }
    public Radar_DataStruct1()
    {
        mainProvinceRadarData1List3 = new List<MainProvinceRadarData3>();
        DataList_Death = new List<double>();
        DataList_Recovered = new List<double>();
        DataList_Recovered_New = new List<double>();
        DataList_Death_New = new List<double>();
        TypeList = new List<string>();
        DateList = new List<string>();
    }
}
[DataContract]
public class MainProvinceRadarData3
{
    [DataMember]
    public string text { get; set; }
}
```

然后添加类型，如程序代码 6-7 所示。

程序代码 6-7　添加类型

```
/*添加类型*/
radar_DataStruct1.TypeList.Add("新增治愈人数");
radar_DataStruct1.TypeList.Add("新增死亡人数");
radar_DataStruct1.TypeList.Add("总计治愈人数");
radar_DataStruct1.TypeList.Add("总计死亡人数");
```

接着访问文件 HBrecovered_New、HBdeath_NewPositive、HBrecovered_0302、HBdeath_0302，如程序代码 6-8 所示，获取相应文件中的数据，并将获取到的数据存放到相应的列表中，如程序代码 6-9 所示。

程序代码 6-8　访问文件

```
string path = @"..\..\..\..\data_shp";
IFeatureWorkspace pFeatWS = pWorkspaceFactory.OpenFromFile(path, 0) as IFeatureWorkspace;
string[] layers = new string[4] { "HBrecovered_New", "HBdeath_NewPositive", "HBrecovered_0302", "HBdeath_0302" };
for (int n = 0; n < layers.Length; n++)
{
    IFeatureClass pFeatureClass = pFeatWS.OpenFeatureClass(layers[n]);
```

程序代码 6-9　获取文件中的数据，并存放到相应的列表中

```
for (int i = fields.FieldCount - 5; i < fields.FieldCount; i++)
{
    if (n == 0)
    {
        radar_DataStruct1.DataList_Recovered_New.Add(Math.Abs(Convert.ToDouble(
                                        pFeature.get_Value(i).ToString())));
    }
    else if (n == 1)
    {
        radar_DataStruct1.DataList_Death_New.Add(Math.Abs(Convert.ToDouble(
                                        pFeature.get_Value(i).ToString())));
    }
    else if (n == 2)
    {
        radar_DataStruct1.DataList_Recovered.Add(Math.Abs(Convert.ToDouble(
                                        pFeature.get_Value(i).ToString())));
    }
    else
    {
        radar_DataStruct1.DataList_Death.Add(Math.Abs(Convert.ToDouble(
                                        pFeature.get_Value(i).ToString())));
    }
}
```

其次设置符合 ECharts 中雷达图指示器所需的数据形式，如程序代码 6-10 所示。

程序代码 6-10　设置数据形式

```
radar_DataStruct1.mainProvinceRadarData1List3.Add(new MainProvinceRadarData3()
{ text = radar_DataStruct1.DateList[0] });
radar_DataStruct1.mainProvinceRadarData1List3.Add(new MainProvinceRadarData3()
{ text = radar_DataStruct1.DateList[1] });
radar_DataStruct1.mainProvinceRadarData1List3.Add(new MainProvinceRadarData3()
{ text = radar_DataStruct1.DateList[2]});
radar_DataStruct1.mainProvinceRadarData1List3.Add(new MainProvinceRadarData3()
{ text = radar_DataStruct1.DateList[3] });
radar_DataStruct1.mainProvinceRadarData1List3.Add(new MainProvinceRadarData3()
{ text = radar_DataStruct1.DateList[4] });
radar_DataStruct1.mainProvinceRadarData1List2.Add(new MainProvinceRadarData2()
{ text = radar_DataStruct1.DateList[0], max = 36200 });
radar_DataStruct1.mainProvinceRadarData1List2.Add(new MainProvinceRadarData2()
{ text = radar_DataStruct1.DateList[1], max = 36200 });
radar_DataStruct1.mainProvinceRadarData1List2.Add(new MainProvinceRadarData2()
{ text = radar_DataStruct1.DateList[2], max = 36200 });
radar_DataStruct1.mainProvinceRadarData1List2.Add(new MainProvinceRadarData2()
{ text = radar_DataStruct1.DateList[3], max = 36200 });
radar_DataStruct1.mainProvinceRadarData1List2.Add(new MainProvinceRadarData2()
{ text = radar_DataStruct1.DateList[4], max = 36300 });
```

最后设置 ECharts.option 中的相关参数，相关参数如下：

radar.radius：表示雷达图的半径，可选类型有 number（直接指定外半径值），string（如"20%"，表示外半径为可视区尺寸，即容器高宽中较小一项的 20%），Array.<number| string>（数组的第一项是内半径，第二项是外半径）。

radar.startAngle：表示坐标系起始角度，也就是第一个指示器轴的角度。

radar.splitNumber：表示指示器轴的分割段数。

以上参数的具体设置如程序代码 6-11 所示。

程序代码 6-11　设置 option 中的参数

```
radar: [
    {
        indicator: res.mainProvinceRadarData1List3,
        center: ['25%', '50%'],
        radius: 120,
        startAngle: 90,
        splitNumber: 4,
        shape: 'circle',
        name: {
            formatter: '{value}',
            textStyle: {
                color: 'red'
            }
        },
```

        }
    ]

6.4 多雷达图

在 6.1 节的基础上，本节的后台 REST 服务首先添加类型，如程序代码 6-12 所示。

程序代码 6-12　添加类型

```
/*添加类型*/
radar_DataStruct1.TypeList.Add("新增治愈");
radar_DataStruct1.TypeList.Add("新增死亡");
radar_DataStruct1.TypeList.Add("总计治愈");
radar_DataStruct1.TypeList.Add("总计死亡");
```

然后访问文件 HBrecovered_New、HBdeath_NewPositive、HBrecovered_0302、HBdeath_0302，如程序代码 6-13 所示。

程序代码 6-13　访问文件

```
string path = @"..\..\..\..\data_shp";
IFeatureWorkspace pFeatWS = pWorkspaceFactory.OpenFromFile(path, 0) as IFeatureWorkspace;
string[] layers = new string[4]
{ "HBrecovered_New", "HBdeath_NewPositive", "HBrecovered_0302", "HBdeath_0302" };
for (int n = 0; n < layers.Length; n++)
{
    IFeatureClass pFeatureClass = pFeatWS.OpenFeatureClass(layers[n]);
}
```

接着获取访问文件中的部分数据，如程序代码 6-14 所示。

程序代码 6-14　获取数据

```
for (int i = fields.FieldCount - 5; i < fields.FieldCount; i++)
{
    if (n == 0)
    {
        radar_DataStruct1.DataList_Recovered_New.Add(Math.Abs(Convert.ToDouble(
                                        pFeature.get_Value(i).ToString())));
    }
    if (n == 1)
    {
        radar_DataStruct1.DataList_Death_New.Add(Math.Abs(Convert.ToDouble(
                                        pFeature.get_Value(i).ToString())));
    }
}
for (int i = fields.FieldCount - 12; i < fields.FieldCount; i++)
{
    if (n == 2)
```

```
                {
                    radar_DataStruct1.DataList_Recovered.Add(Math.Abs(Convert.ToDouble(
                                           pFeature.get_Value(i).ToString())));
                }
                if (n == 3)
                {
                    radar_DataStruct1.DataList_Death.Add(Math.Abs(Convert.ToDouble(
                                           pFeature.get_Value(i).ToString())));
                }
            }
}
```

最后对获取到的数据进行处理，使得数据符合 ECharts 中的数据形式，如程序代码 6-15 所示。

程序代码 6-15　设置数据形式

```
radar_DataStruct1.Data_List.Add(radar_DataStruct1.DataList_Recovered_New[4]);
radar_DataStruct1.Data_List.Add(radar_DataStruct1.DataList_Death_New[4]);
radar_DataStruct1.Data_List.Add(radar_DataStruct1.DataList_Recovered[4]);
radar_DataStruct1.Data_List.Add(radar_DataStruct1.DataList_Death[4]);
radar_DataStruct1.mainProvinceRadarData1List4.Add(new MainProvinceRadarData4()
{ text = radar_DataStruct1.TypeList[0], max = 2500 });
radar_DataStruct1.mainProvinceRadarData1List4.Add(new MainProvinceRadarData4()
{ text = radar_DataStruct1.TypeList[1], max = 100 });
radar_DataStruct1.mainProvinceRadarData1List4.Add(new MainProvinceRadarData4()
{ text = radar_DataStruct1.TypeList[2], max = 20000 });
radar_DataStruct1.mainProvinceRadarData1List4.Add(new MainProvinceRadarData4()
{ text = radar_DataStruct1.TypeList[3], max = 3000 });
radar_DataStruct1.mainProvinceRadarData1List2.Add(new MainProvinceRadarData2()
{ text = radar_DataStruct1.DateList[0], max = 4000 });
radar_DataStruct1.mainProvinceRadarData1List2.Add(new MainProvinceRadarData2()
{ text = radar_DataStruct1.DateList[1], max = 3000 });
radar_DataStruct1.mainProvinceRadarData1List2.Add(new MainProvinceRadarData2()
{ text = radar_DataStruct1.DateList[2], max = 3000 });
radar_DataStruct1.mainProvinceRadarData1List2.Add(new MainProvinceRadarData2()
{ text = radar_DataStruct1.DateList[3], max = 3000 });
radar_DataStruct1.mainProvinceRadarData1List2.Add(new MainProvinceRadarData2()
{ text = radar_DataStruct1.DateList[4], max = 3000 });
```

本节的 ECharts 中的参数设置请参照 6.2 节，这里不再赘述。

6.5　颜色渐变雷达图

本节的后台 REST 服务的数据获取方法请参照 5.6 节中的相关方法，这里仅介绍如何设置符合 ECharts 中的数据形式，如程序代码 6-16 所示。

程序代码 6-16　设置数据形式

```
radar_DataStruct1.ProvinceNameList = radar_DataStruct1.ProvinceNameList.GetRange(0, 5);
radar_DataStruct1.DataListList_Recovered1 = DataListList_Recovered[0];
radar_DataStruct1.DataListList_Recovered2 = DataListList_Recovered[1];
radar_DataStruct1.DataListList_Recovered3 = DataListList_Recovered[2];
radar_DataStruct1.DataListList_Recovered4 = DataListList_Recovered[3];
radar_DataStruct1.DataListList_Recovered5 = DataListList_Recovered[4];
radar_DataStruct1.mainProvinceRadarData1List2.Add(new MainProvinceRadarData2()
{ text = radar_DataStruct1.ProvinceNameList[0], max = 50 });
radar_DataStruct1.mainProvinceRadarData1List2.Add(new MainProvinceRadarData2()
{ text = radar_DataStruct1.ProvinceNameList[1], max = 30 });
radar_DataStruct1.mainProvinceRadarData1List2.Add(new MainProvinceRadarData2()
{ text = radar_DataStruct1.ProvinceNameList[2], max = 50 });
radar_DataStruct1.mainProvinceRadarData1List2.Add(new MainProvinceRadarData2()
{ text = radar_DataStruct1.ProvinceNameList[3], max = 120 });
radar_DataStruct1.mainProvinceRadarData1List2.Add(new MainProvinceRadarData2()
{ text = radar_DataStruct1.ProvinceNameList[4], max = 40 });
```

本节的 ECharts 中相关参数的设置请参照 6.2 节和 6.3 节，这里不再详细介绍。这里仅介绍 visualMap.color 的设置。visualMap.color 的作用是为了兼容 ECharts2，不建议在 ECharts3 中使用。如果要使用，则必须注意，color 属性中的顺序是随数值由大到小，但是 visualMap-continuous.inRange、visualMap-continuous.outOfRange、visualMap-piecewise.inRange 和 visualMap-piecewise.outOfRange 中 color 的顺序是随数值由小到大，二者不一致。视觉映射组件中的颜色设置如程序代码所示。

程序代码 6-17　设置视觉映射组件中的颜色

```
visualMap: {
    top: 'middle',
    right: 10,
    color: ['red', 'yellow'],
    calculable: true,
    max:50
},
```

第7章 大数据图形可视化之箱线图

7.1 水平箱线图

箱线图（boxplot）又称为盒须图、盒式图或箱形图，是一种用于显示一组数据分布情况的统计图。箱线图因其形状如箱子而得名，主要用于反映原始数据的分布特征，还可以对多组数据的分布特征进行比较。箱线图的绘制方法是：首先找出一组数据的上边缘、下边缘、中位数和两个四分位数；然后连接两个四分位数画出箱体；最后将上边缘和下边缘与箱体相连接，将中位数放在箱体中间。

在 6.5 节的基础上，本节的后台 REST 服务需要获取访问文件中的部分数据，如程序代码 7-1 所示。

程序代码 7-1　获取数据

```
for (int i = 0; i < 5; i++)
{
    radar_DataStruct1.DataListList_Recovered.Add(DataListList_Recovered[i]);
}
```

在设置 ECharts 中的参数之前，需要先引入 dataTool.js 文件，如程序代码 7-2 所示。

程序代码 7-2　引入 dataTool.js 文件

```
<script src="..\lib\ECharts\ECharts.min.js"></script>
<script src="..\lib\ECharts\dataTool.js"></script>
<script src="..\lib\jQuery\jquery-3.4.1.min.js"></script>
<script src="..\lib\OpenLayers\ol.js"></script>
```

本节的 ECharts 数据格式是二维数组，二维数组的每一个数组项都渲染一个 box，它含有五个量值，依次是 min、Q1、median（或 Q2）、Q3、max。ECharts 并不对原始数据进行处理，而是首先使用 ECharts.dataTool.prepareBoxplotData 对 DataListList_Recovered 中的数据进行简单的数据统计，计算得到 DataListList_Recovered 中的每行数据的上边界、25%分位数、中位数、75%分位数、下边界；然后将数据从大到小排序；最后将数据放进 data 中。

要实现水平箱线图，还需要设置 series 中的相关参数，相关参数如下：
name：该参数设置为 boxplot。
type：该参数设置为 boxplot。
series 中相关参数的设置如程序代码 7-3 所示。

程序代码 7-3　设置 series 中的相关参数

```
var data = ECharts.dataTool.prepareBoxplotData(res.DataListList_Recovered)
series: [
    {
        name: 'boxplot',
        type: 'boxplot',
        data: data.boxData,
        tooltip: {
            formatter: function (param) {
                return [
                    param.name + ': ',
                    'upper: ' + param.data[5],
                    'Q3: ' + param.data[4],
                    'median: ' + param.data[3],
                    'Q1: ' + param.data[2],
                    'lower: ' + param.data[1]
                ].join('<br/>');
            }
        }
    },
    {
        name: 'outlier',
        type: 'scatter',
        data: data.outliers
    }
]
```

7.2　垂直箱线图

在 7.1 节的基础上，本节只需要设置 ECharts 中箱线图的布局即可实现垂直箱线图。参数 layout 表示箱线图布局方式，当 layout 的取值为 horizontal 时表示水平箱线图；当 layout 的取值为 vertical 时表示垂直箱线图。layout 的默认值是由当前坐标系决定的，如果 category 轴为横轴，则默认为水平箱线图；否则默认为垂直箱线图。如果没有 category 轴，则默认为水平箱线图。箱线图的布局设置如程序代码 7-4 所示。

程序代码 7-4　设置箱线图的布局

```
var data = ECharts.dataTool.prepareBoxplotData(res.DataListList_Recovered, {layout: 'vertical'});
option = {
    title: [,
```

```
            {
                text: 'upper: Q3 + 1.5 * IRQ \nlower: Q1 - 1.5 * IRQ',
                borderColor: '#999',
                borderWidth: 1,
                textStyle: {
                    fontSize: 14
                },
                left: '10%',
                top: '90%'
            }
        ],
```

7.3 多变量箱线图

在 6.2 节的基础上，本节的后台 REST 服务首先重新定义新类和新成员，并在构造函数中实例化新成员，如程序代码 7-5 所示。

程序代码 7-5　添加新类和新成员，并在构造函数中实例化新成员

```
[DataContract]
public class Boxplot_DataStruct
{
    [DataMember]
    public List<double> DataList_Confirmed { get; set; }
    [DataMember]
    public List<double> DataList_Recovered { get; set; }
    [DataMember]
    public List<double> DataList_Death { get; set; }
    [DataMember]
    public List<List<double>> DataListList_Confirmed { get; set; }
    [DataMember]
    public List<List<double>> DataListList_Recovered { get; set; }
    [DataMember]
    public List<List<double>> DataListList_Death { get; set; }
    [DataMember]
    public List<string> ProvinceNameList { get; set; }
    [DataMember]
    public List<string> TypeList { get; set; }
    [DataMember]
    public List<string> DateList { get; set; }
    public Boxplot_DataStruct()
    {
        DataList_Confirmed = new List<double>();
        DataList_Death = new List<double>();
        DataList_Recovered = new List<double>();
        ProvinceNameList = new List<string>();
```

```
            TypeList = new List<string>();
            DateList = new List<string>();
            DataListList_Confirmed = new List<List<double>>();
            DataListList_Recovered = new List<List<double>>();
            DataListList_Death = new List<List<double>>();
        }
    }
```

接着获取数据并添加到相应的数组中,如程序代码 7-6 所示,其中,添加的类型和访问文件请参照 6.2 节。

程序代码 7-6　获取数据

```
List<double> dataRowList_Confirmed = new List<double>();
List<double> dataRowList_Death = new List<double>();
List<double> dataRowList_Recovered = new List<double>();
for (int i = 0; i < fields.FieldCount; i++)
{
    if (fields.get_Field(i).Name == "NAME")
    {
        boxplot_DataStruct.ProvinceNameList.Add(pFeature.get_Value(i).ToString());
    }
}
for (int i = fields.FieldCount - 20; i < fields.FieldCount; i++)
{
    if (n == 0)
    {
        dataRowList_Confirmed.Add(Math.Abs(Convert.ToDouble(pFeature.get_Value(i).ToString())));
        if (dataRowList_Confirmed.Count == 20)
        {
            boxplot_DataStruct.DataListList_Confirmed.Add(dataRowList_Confirmed);
        }
    }
    else if (n == 1)
    {
        dataRowList_Death.Add(Math.Abs(Convert.ToDouble(pFeature.get_Value(i).ToString())));
        if (dataRowList_Death.Count == 20)
        {
            boxplot_DataStruct.DataListList_Death.Add(dataRowList_Death);
        }
    }
    else
    {
        dataRowList_Recovered.Add(Math.Abs(Convert.ToDouble(pFeature.get_Value(i).ToString())));
        if (dataRowList_Recovered.Count == 20)
        {
            boxplot_DataStruct.DataListList_Recovered.Add(dataRowList_Recovered);
        }
```

```
        }
    }
    boxplot_DataStruct.ProvinceNameList = boxplot_DataStruct.ProvinceNameList.GetRange(0, 5);
    for (int i = 0; i < 5; i++)
    {
        boxplot_DataStruct.DataListList_Confirmed.Add(boxplot_DataStruct.DataListList_Confirmed[i]);
        boxplot_DataStruct.DataListList_Death.Add(boxplot_DataStruct.DataListList_Death[i]);
        boxplot_DataStruct.DataListList_Recovered.Add(boxplot_DataStruct.DataListList_Recovered[i]);
    }
```

第 8 章 大数据图形可视化之关系图

8.1 默认布局关系图

关系图用于展示节点以及节点之间的关系数据。默认布局关系图的实现步骤如下:

(1) 在后台 REST 服务中重新定义新类和新成员,并在构造函数中实例化新成员,如程序代码 8-1 所示。

程序代码 8-1 定义新类和新成员,并在构造函数中实例化新成员

```
[DataContract]
public class Graph_DataStruct1
{
    [DataMember]
    public List<GraphData1> GraphNodesList1;
    [DataMember]
    public List<GraphData2> GraphLinksList1;
    [DataMember]
    public List<CategoryData> CategoryList { get; set; }
    [DataMember]
    public List<double> DataList_confirmed { get; set; }
    [DataMember]
    public List<double> DataList_death { get; set; }
    [DataMember]
    public List<double> DataList_recovered { get; set; }
    [DataMember]
    public List<string> DateList { get; set; }
    public Graph_DataStruct1()
    {
        GraphNodesList1 = new List<GraphData1>();
        GraphLinksList1 = new List<GraphData2>();
        DataList_confirmed = new List<double>();
        DataList_death = new List<double>();
```

```
            DataList_recovered = new List<double>();
            CategoryList = new List<CategoryData>();
            DateList = new List<string>();
        }
    }
    [DataContract]
    public class GraphData1
    {
        [DataMember]
        public string category { get; set; }
        [DataMember]
        public string name { get; set; }
        [DataMember]
        public double x { get; set; }
        [DataMember]
        public double y { get; set; }
        [DataMember]
        public double value { get; set; }
        [DataMember]
        public double symbolSize { get; set; }
    }
    [DataContract]
    public class GraphData2
    {
        [DataMember]
        public string source { get; set; }
        [DataMember]
        public string target{ get; set; }
    }
    [DataContract]
    public class CategoryData
    {
        [DataMember]
        public string name { get; set; }
    }
```

（2）访问文件 HBconfirmed_0302、HBdeath_0302、HBrecovered_0302，如程序代码 8-2 所示。

程序代码 8-2　访问文件

```
string path = @"..\..\..\..\data_shp";
IFeatureWorkspace pFeatWS = pWorkspaceFactory.OpenFromFile(path, 0) as IFeatureWorkspace;
string[] layers = new string[3] { "HBconfirmed_0302", "HBdeath_0302", "HBrecovered_0302" };
for (int n = 0; n < layers.Length; n++)
{
    IFeatureClass pFeatureClass = pFeatWS.OpenFeatureClass(layers[n]);
```

(3) 读取数据，如程序代码 8-3 所示。

程序代码 8-3　读取数据

```
for (int i = 0; i < fields.FieldCount; i++)
{
    if (fields.get_Field(i).Name == "T20200229" || fields.get_Field(i).Name == "T20200301" || fields.get_Field(i).Name == "T20200302")
    {
        if (n == 0)
        {
            graph_DataStruct.DataList_confirmed.Add(Math.Abs(Convert.ToDouble(pFeature.get_Value(i).ToString())));
        }
        else if (n == 1)
        {
            graph_DataStruct.DataList_death.Add(Math.Abs(Convert.ToDouble(pFeature.get_Value(i).ToString())));
        }
        else
        {
            graph_DataStruct.DataList_recovered.Add(Math.Abs(Convert.ToDouble(pFeature.get_Value(i).ToString())));
        }
    }
}
```

(4) 在设置 ECharts 中 nodes 和 links 数据之前，先将日期数据设置为 "yyyy-mm-dd" 格式，如程序代码 8-4 所示。

程序代码 8-4　设置日期格式

```
List<string> nameList = new List<string>();
for (int i = 0; i < 3; i++)
{
    string name = graph_DataStruct.DateList[i].Insert(4, "_");
    for (int j = 0; j < 3; j++)
    {
        string data = TypeList[j];
        string newName = name.Insert(5, data);
        nameList.Add(newName);
    }
}
```

(5) 设置 ECharts 中需要的 category 数据，如程序代码 8-5 所示。

程序代码 8-5　设置 category 数据

```
/*添加类目*/
graph_DataStruct.CategoryList.Add(new CategoryData() { name = TypeList[0] });
graph_DataStruct.CategoryList.Add(new CategoryData() { name = TypeList[1] });
```

graph_DataStruct.CategoryList.Add(new CategoryData() { name = TypeList[2] });

（6）设置 ECharts 中的 nodes 数据，如程序代码 8-6 所示。

程序代码 8-6　设置 nodes 数据

graph_DataStruct.GraphNodesList1.Add(new GraphData1() { category = TypeList[0], name = nameList[0], x = 0, y = 0, value = graph_DataStruct.DataList_confirmed[0], symbolSize = graph_DataStruct.DataList_confirmed[0] / 1500 });
graph_DataStruct.GraphNodesList1.Add(new GraphData1() { category = TypeList[0], name = nameList[3], x = 2, y = 2, value = graph_DataStruct.DataList_confirmed[1], symbolSize = graph_DataStruct.DataList_confirmed[1] / 1500 });
graph_DataStruct.GraphNodesList1.Add(new GraphData1() { category = TypeList[0], name = nameList[6], x = 5, y = 5, value = graph_DataStruct.DataList_confirmed[2], symbolSize = graph_DataStruct.DataList_confirmed[2] / 1500 });
graph_DataStruct.GraphNodesList1.Add(new GraphData1() { category = TypeList[1], name = nameList[1], x = 1, y = 2, value = graph_DataStruct.DataList_death[0], symbolSize = graph_DataStruct.DataList_death[0] / 300 });
graph_DataStruct.GraphNodesList1.Add(new GraphData1() { category = TypeList[1], name = nameList[4], x = 2, y = 3, value = graph_DataStruct.DataList_death[1], symbolSize = graph_DataStruct.DataList_death[1] / 300 });
graph_DataStruct.GraphNodesList1.Add(new GraphData1() { category = TypeList[1], name = nameList[7], x = 3, y = 1, value = graph_DataStruct.DataList_death[2], symbolSize = graph_DataStruct.DataList_death[2] / 300 });
graph_DataStruct.GraphNodesList1.Add(new GraphData1() { category = TypeList[2], name = nameList[2], x = 2, y = 1, value = graph_DataStruct.DataList_recovered[0], symbolSize = graph_DataStruct.DataList_recovered[0] / 1500 });
graph_DataStruct.GraphNodesList1.Add(new GraphData1() { category = TypeList[2], name = nameList[5], x = 3, y = 2, value = graph_DataStruct.DataList_recovered[1], symbolSize = graph_DataStruct.DataList_recovered[1] / 1500 });
graph_DataStruct.GraphNodesList1.Add(new GraphData1() { category = TypeList[2], name = nameList[8], x = 6, y = 6, value = graph_DataStruct.DataList_recovered[2], symbolSize = graph_DataStruct.DataList_recovered[2] / 1500 });

（7）获取 ECharts 中的 links 数据，如程序代码 8-7 所示。

程序代码 8-7　获取 ECharts 中的 links 数据

graph_DataStruct.GraphLinksList1.Add(new GraphData2() { source = nameList[1], target = nameList[0] });
graph_DataStruct.GraphLinksList1.Add(new GraphData2() { source = nameList[2], target = nameList[0] });
graph_DataStruct.GraphLinksList1.Add(new GraphData2() { source = nameList[3], target = nameList[0] });
graph_DataStruct.GraphLinksList1.Add(new GraphData2() { source = nameList[4], target = nameList[3] });
graph_DataStruct.GraphLinksList1.Add(new GraphData2() { source = nameList[5], target = nameList[3] });
graph_DataStruct.GraphLinksList1.Add(new GraphData2() { source = nameList[6], target = nameList[3] });
graph_DataStruct.GraphLinksList1.Add(new GraphData2() { source = nameList[7], target = nameList[4] });
graph_DataStruct.GraphLinksList1.Add(new GraphData2() { source = nameList[8], target = nameList[5] });
graph_DataStruct.GraphLinksList1.Add(new GraphData2() { source = nameList[7], target = nameList[6] });
graph_DataStruct.GraphLinksList1.Add(new GraphData2() { source = nameList[8], target = nameList[6] });
graph_DataStruct.GraphLinksList1.Add(new GraphData2() { source = nameList[0], target = nameList[6] });
graph_DataStruct.GraphLinksList1.Add(new GraphData2() { source = nameList[4], target = nameList[1] });
graph_DataStruct.GraphLinksList1.Add(new GraphData2() { source = nameList[5], target = nameList[2] });
graph_DataStruct.GraphLinksList1.Add(new GraphData2() { source = nameList[8], target = nameList[5] });
graph_DataStruct.GraphLinksList1.Add(new GraphData2() { source = nameList[2], target = nameList[1] });

```
graph_DataStruct.GraphLinksList1.Add(new GraphData2() { source = nameList[5], target = nameList[4] });
graph_DataStruct.GraphLinksList1.Add(new GraphData2() { source = nameList[8], target = nameList[7] });
graph_DataStruct.GraphLinksList1.Add(new GraphData2() { source = nameList[8], target = nameList[2] });
graph_DataStruct.GraphLinksList1.Add(new GraphData2() { source = nameList[7], target = nameList[1] });
```

（8）完成后台 REST 服务后，在前端通过 getJSON 方法获取后台 REST 服务输出的 JSON 数据，并设置 ECharts.option 中的相关参数。相关方法和参数如下：

showLoading()：用于显示加载动画效果，可以在加载数据前手动调用该函数显示加载动画，在数据加载完成后调用 hideLoading()函数隐藏加载动画效果。

hideLoading()：用于隐藏动画加载效果。

animationDuration：表示初始动画的时长，支持回调函数，可以通过每个数据返回的不同时长来实现更加明显的初始动画效果。例如，animationDuration: function (idx) {return idx * 100;}，越往后的数据时长越大。

animationEasingUpdate：表示数据更新动画的缓动效果。

以上参数的具体设置如程序代码 8-8 所示。

程序代码 8-8　定义数据并设置 option 中参数

```
myChart1.showLoading();
$.getJSON("http://127.0.0.1:7789/GetLineData34", function (res) {
    console.log(res);
    myChart1.hideLoading();
    var nodes = res.GraphNodesList1;
    var links = res.GraphLinksList1;
    var categories = res.CategoryList;
    option = {
        title: {
            top: 'bottom',
            left: 'right'
        },
        tooltip: {},
        legend: [{
            data: categories.map(function (a) {
                return a.name;
            })
        }],
        animationDuration: 1500,
        animationEasingUpdate: 'quinticInOut',
    }
}
```

（9）设置 ECharts.option.series 中的相关参数。相关参数如下：

layout：表示关系图的布局，该参数的可选值包括 none（不采用任何布局，使用节点中提供的 x 轴和 y 轴坐标作为节点的位置）、circular（采用环形布局）、force（采用力引导布局）。

data：表示关系图的节点数据列表，列表中的每个元素都是一个对象。注意：节点的 name 不能重复。

links：表示节点间的关系数据。

categories：表示节点分类的类目。如果节点有分类，则可以通过 data[i].category 指定每个节点的类目，类目的样式会被应用到节点样式上。用户可以基于 categories 的名字来展示和筛选图例。

focusNodeAdjacency：表示在鼠标光标移到节点上时是否突出显示节点，以及节点的边和邻接节点。

lineStyle.curveness：表示边的曲度，取值为 0～1，值越大曲度越大。

以上参数的具体设置如程序代码 8-9 所示。

程序代码 8-9 设置 series 中的参数

```
series : [
    {
        //name: 'Les Miserables',
        type: 'graph',
        layout: 'none',
        data: nodes,
        links: links,
        categories: categories,
        roam: true,
        focusNodeAdjacency: true,
        itemStyle: {
            borderColor: '#fff',
            borderWidth: 1,
            shadowBlur: 10,
            shadowColor: 'rgba(0, 0, 0, 0.3)'
        },
        label: {
            position: 'right',
            formatter: '{b}'
        },
        lineStyle: {
            color: 'source',
            curveness: 0.3
        },
        emphasis: {
            lineStyle: {
                width: 10
            }
        }
    }]
```

8.2 环形布局关系图

本节的后台 REST 服务直接使用 8.1 节的后台 REST 服务，这里不再赘述。

只需在 8.1 节的基础上将 ECharts 中的参数 layout 由 none 改为 circular，即可实现环形布局关系图，如程序代码 8-10 所示。其中，roam 表示是否开启鼠标缩放和平移功能，默认为不开启。如果只想开启缩放或者平移功能，则可以将 roam 设置成 scale 或者 move。如果将 roam 设置为 true，则同时开启缩放和平移功能。

程序代码 8-10　设置 series 中的参数

```
series : [
    {
        type: 'graph',
        layout: 'circular',
        data: nodes,
        links: links,
        categories: categories,
        roam: true,
        …
```

8.3　力引导布局关系图

本节的后台 REST 服务直接使用 8.1 节的后台 REST 服务，这里不再详述。

只需在 8.2 节的基础上将 ECharts 中的参数 layout 由 circular 改为 force，即可实现力引导布局关系图，如程序代码 8-11 所示。

程序代码 8-11　设置 series 中的参数

```
series : [
    {
        type: 'graph',
        layout: 'force',
        data: nodes,
        links: links,
        categories: categories,
        roam: true,
        …
```

8.4　动态关系图

本节的后台 REST 服务直接使用 8.1 节的后台 REST 服务，这里不再详述。

只需要设置 ECharts.option.series 中的相关参数，即可实现动态关系图。相关参数如下：

series.force.repulsion：表示节点之间的斥力因子，可通过数组来表示斥力的范围，不同的值会线性映射到不同的斥力，值越大则斥力越大。

series.force.edgeLength：表示两个节点之间的边长，可通过数组来表示边长的范围，不同的值会线性映射到不同的边长，值越小则边长越长。例如，edgeLength: [10, 50]，表示值最大的边长会趋向于 10，值最小的边长会趋向于 50。

以上参数的具体设置如程序代码 8-12 所示。

程序代码 8-12　设置 series 中的参数

```
option = {
    series: [{
        type: 'graph',
        layout: 'force',
        animation: false,
        data: nodes,
        force: {
            //initLayout: 'circular'
            //gravity: 0
            repulsion: 0.1,
            edgeLength:0.01
        },
        edges: edges
    }]
};
```

设置完 option 的相关参数后,可先通过 setInterval()函数每 2 s 获取一次后台 REST 服务返回的节点数据;再将获得的节点数据通过 push()函数放进 data 中;获得节点数据之后,接着通过 if 语句判断是否是同一个节点,如果不是同一个节点,那么通过 push()函数放进 edges 中,edges 是 links 的别名,它的参数设置同 links 中的参数设置一样;由于本节 ECharts 中的节点只有 9 个,因此最后用 if 语句判断是否是第 9 个点,如果是,就通过设置 alert(弹窗)提示代码运行结束。clearInterval()函数用于取消由 setInterval()函数设定的定时执行操作,clearInterval()函数的参数必须是由 setInterval()返回的 ID 值。注意:在 clearInterval()函数中,当创建执行定时操作时要使用全局变量。设置 ECharts 中所需的数据如程序代码 8-13 所示。

程序代码 8-13　设置 ECarts 中所需的数据

```
var i=0;
//console.log(nodes[i]);
var timer;
timer=setInterval(function () {
data.push(nodes[i])
var source = i;
var target = i+1;
if (source !== target) {
    edges.push({
        source: source,
        target: target
    });
}
myChart1.setOption({
    series: [{
        roam: true,
        data: data,
```

```
                edges: edges
            }]
        });
        i++;
        if(i==9)
        {
            alert("end");
            clearInterval(timer);}
    }, 2000);
```

8.5 多个力引导布局关系图

有时需要在一个界面上同时显示多个力引导布局关系图,在 8.3 节的基础上设置 ECharts 中的相关参数即可实现多个力引导布局关系图。在设置相关参数之前,首先要通过 createNodes()函数和 createEdges()函数分别获得节点和节点间的关系数据,其中,节点数据是后台 REST 服务返回的 JSON 数据中的 GraphNodesList1 列表,edges 是 links 的别名,它和 links 的数据格式一样,如 links: [{source: 'n1',target: 'n2'}];然后通过 for 循环调用 createNodes()函数和 createEdges()函数,获得这两个函数中的第 i+2 个 nodes 和第 i+2 个 edges;再通过 push()函数将其放进 datas 中;最后形成含有 8 个对象的一维数组。ECharts 所需数据的获取如程序代码 8-14 所示。

程序代码 8-14　获取 ECharts 所需的数据

```
function createNodes(count) {
    var nodes = [];
    for (var i = 0; i < count; i++) {
        nodes.push({
            data: res.GraphNodesList1[i]
        });
    }
    return nodes;
}
function createEdges(count) {
    var edges = [];
    if (count === 2) {
        return [[0, 1]];
    }
    for (var i = 0; i < count; i++) {
        edges.push([i, (i + 1) % count]);
    }
    return edges;
}
var datas = [];
for (var i = 0; i < 8; i++) {
    datas.push({
```

```
            nodes: createNodes(i + 2),
            edges: createEdges(i + 2)
        });
    }
```

在设置 ECharts.series 中的相关参数时，首先通过调用 datas 中的 map()函数返回的数据（series 中的相关参数），其中函数 function (item, idx)中的参数分别对应 datas 和 datas 中的 index（索引），相关参数如下：

layout：当 layout 的取值为 force 时，表示采用力引导布局。

left：在本节中指的是每个环距离容器左侧的距离，例如(idx % 4) * 25 + '%'表示 datas 中每个对象的索引与 4 求模后的余数的 25 倍，单位是%。

top：在本节中指的是每个环距离容器顶部的距离，例如 Math.floor(idx / 4) * 25 + '%'表示 datas 中每个对象的索引与 4 的商的最大整数的 25 倍，单位是%。Math.floor(x)函数表示返回小于或等于 x 的最大整数，如果传递的参数是一个整数，则该值不变。

force.repulsion：表示节点之间的斥力因子，可通过数组表示斥力的范围，此时不同的值会线性映射到不同的斥力，值越大则斥力越大。

force.edgeLength：表示两个节点之间的边长，可以用数组表示边长的范围，此时不同的值会线性映射到不同的边长，值越小则边长越长。

以上参数的具体设置如程序代码 8-15 所示。

程序代码 8-15　设置 series 中的参数

```
option = {
    series: datas.map(function (item, idx) {
        return {
            type: 'graph',
            layout: 'force',
            animation: false,
            data: item.nodes,
            left: (idx % 4) * 25 + '%',
            top: Math.floor(idx / 4) * 25 + '%',
            width: '25%',
            height: '25%',
            force: {
                repulsion: 60,
                edgeLength: 2
            },
            edges: item.edges.map(function (e) {
                return {
                    source: e[0],
                    target: e[1]
                };
            })
        };
    })
};
```

8.6 位于笛卡儿坐标系上的关系图

位于笛卡儿坐标系上的关系图的实现步骤如下：

（1）在 8.1 节的基础上，本节的后台 REST 服务重新定义新类和新成员，并在构造函数中实例化新成员，如程序代码 8-16 所示。

程序代码 8-16　定义新类和新成员，并在构造函数中实例化新成员

```
[DataContract]
public class Graph_DataStruct2
{
    [DataMember]
    public List<double> DataList_death { get; set; }
    [DataMember]
    public List<GraphData> GraphLinksList1;
    [DataMember]
    public List<string> DateList { get; set; }
    public Graph_DataStruct2()
    {
        DataList_death = new List<double>();
        GraphLinksList1 = new List<GraphData>();
        DateList = new List<string>();
    }
}
[DataContract]
public class GraphData
{
    [DataMember]
    public double source { get; set; }
    [DataMember]
    public double target { get; set; }
}
```

（2）访问文件 HBdeath_NewPositive，如程序代码 8-17 所示。

程序代码 8-17　访问文件

```
string path = @"..\..\..\..\data_shp";
IFeatureWorkspace pFeatWS = pWorkspaceFactory.OpenFromFile(path, 0) as IFeatureWorkspace;
IFeatureClass pFeatureClass = pFeatWS.OpenFeatureClass("HBdeath_NewPositive");
```

（3）读取日期、新增死亡数据，并做相应的处理，如程序代码 8-18 所示。

程序代码 8-18　读取数据并做相应的处理

```
for (int i = fields.FieldCount - 7; i < fields.FieldCount; i++)
{
    IField field = fields.get_Field(i);
```

```
            if (fields.get_Field(i).Name.Substring(0, 1) == "T")
            {
                graph_DataStruct2.DateList.Add(field.Name.Substring(5));
            }
        }
        for (int i = fields.FieldCount - 7; i < fields.FieldCount; i++)
        {
            if (fields.get_Field(i).Name.Substring(0, 1) == "T")
            {
graph_DataStruct2.DataList_death.Add(Math.Abs(Convert.ToDouble(pFeature.get_Value(i).ToString())));
            }
        }
```

（4）获取 ECharts 中的 links 数据，如程序代码 8-19 所示。

程序代码 8-19　获取 ECharts 中的 links 数据

```
for (int i = 0; i < 7; i++)
{
    graph_DataStruct2.GraphLinksList1.Add(new GraphData() { source = i, target = i + 1 });
}
```

（5）设置 ECharts.option.series 中的相关参数。相关参数如下：

symbolSize：表示关系图节点标记的大小，既可以设置成诸如 10 之类的数字，也可以用数组表示宽和高，如[20, 10]表示宽为 20、高为 10。如果需要每个数据的图形大小不一样，则可以设置为如下格式的回调函数：

(value: Array|number, params: Object) => number|Array,

其中第一个参数 value 表示数据值；第二个参数 params 是其他的数据项参数。

edgeSymbol：表示边两端的标记类型，既可以用一个数组指定两端，也可以分别指定两端。默认不显示标记，通常可以设置为箭头，如 edgeSymbol: ['circle', 'arrow']。

edgeSymbolSize：表示边两端的标记大小，既可以用一个数组指定两端，也可以分别指定两端。

以上参数的具体设置如程序代码 8-20 所示。

程序代码 8-20　设置 series 中的参数

```
series: [
    {
        type: 'graph',
        layout: 'none',
        coordinateSystem: 'cartesian2d',
        symbolSize: 40,
        edgeSymbol: ['circle', 'arrow'],
        edgeSymbolSize: [4, 10],
    }]
```

8.7 依赖关系图

本节的后台 REST 服务请参照 8.1 节中的后台 REST 服务，这里不再详述。需要设置的 ECharts 相关参数如下：

animationDurationUpdate：表示数据更新动画的时长，支持回调函数，即可以通过每个数据返回不同的时长来实现更戏剧化的数据更新动画效果，如 animationDurationUpdate: function (idx) {return idx * 100;}，而且越往后的数据时长越大。

animationEasingUpdate：表示数据更新动画的缓动效果。

series.data：series.data 的值是 map()函数返回的数据，map()函数中的参数 node 的值是 res.GraphNodesList1，即调用了后台 REST 服务中的 JSON 数据的列表 GraphNodesList1，series.edges 的值调用了后台 REST 服务中的 JSON 数据的列表 GraphLinksList1。

roam：表示是否开启鼠标缩放和平移功能。默认不开启。如果只开启缩放或者平移功能，则可以将 roam 设置成 scale 或者 move。如果将 roam 设置为 ture，则表示同时开启缩放和平移功能。

focusNodeAdjacency：表示在鼠标光标移到节点上时，是否显示节点，以及节点的边和邻接节点。

lineStyle.width：表示节点之间连线的宽度。

lineStyle.curveness：表示图形透明度，其值为 0～1，0 表示不绘制该图形。本节使用该参数表示线的透明度。

lineStyle.opacity：表示边的曲度，其值为0～1，值越大则曲度越大。

以上参数的具体设置如程序代码 8-21 所示。

程序代码 8-21 设置 ECharts 中的参数

```
animationDurationUpdate: 1500,
animationEasingUpdate: 'quinticInOut',
series : [
    {
        type: 'graph',
        layout: 'none',
        //progressiveThreshold: 700,
        data: res.GraphNodesList1.map(function (node) {
            return {
                x: node.x,
                y: node.y,
                category: node.category,
                name: node.name,
                symbolSize: node.symbolSize,
                itemStyle: {
                    color: node.color
                }
            };
```

```
        }),
        edges: res.GraphLinksList1,
        emphasis: {
            label: {
                position: 'right',
                show: true
            }
        },
        roam: true,
        focusNodeAdjacency: true,
        lineStyle: {
            width: 0.5,
            curveness: 0.3,
            opacity: 0.7
        }
    }
]
```

8.8 关系图连接线样式的设置

关系图连接线样式的设置步骤如下：

（1）在 8.1 节的基础上，本节的后台 REST 服务首先重新定义新类和新成员，并在构造函数中实例化新成员，如程序代码 8-22 所示。

程序代码 8-22　定义新类和新成员，并在构造函数中实例化新成员

```
[DataContract]
public class Graph_DataStruct3
{
    [DataMember]
    public List<double> DataList_confirmed { get; set; }
    [DataMember]
    public List<double> DataList_recovered { get; set; }
    [DataMember]
    public List<GraphNodesData> GraphNodesList;
    [DataMember]
    public List<string> DateList { get; set; }
    public Graph_DataStruct3()
    {
        DataList_confirmed = new List<double>();
        DataList_recovered = new List<double>();
        GraphNodesList = new List<GraphNodesData>();
        DateList = new List<string>();
    }
}
[DataContract]
```

```
public class GraphNodesData
{
    [DataMember]
    public string name { get; set; }
    [DataMember]
    public double x { get; set; }
    [DataMember]
    public double y { get; set; }
}
```

（2）访问文件 HBconfirmed_New、HBrecovered_New，如程序代码 8-23 所示。

程序代码 8-23　访问文件

```
string path = @"..\..\..\..\data_shp";
IFeatureWorkspace pFeatWS = pWorkspaceFactory.OpenFromFile(path, 0) as IFeatureWorkspace;
string[] layers = new string[2] { "HBconfirmed_New", "HBrecovered_New" };
for (int n = 0; n < layers.Length; n++)
{
    IFeatureClass pFeatureClass = pFeatWS.OpenFeatureClass(layers[n]);
```

（3）获取数据，如程序代码 8-24 所示。

程序代码 8-24　获取数据

```
for (int i = fields.FieldCount - 4; i < fields.FieldCount; i++)
{
    if (n == 0)
    {
        if (fields.get_Field(i).Name.Substring(0, 1) == "T")
        {
            graph_DataStruct3.DataList_confirmed.Add(Math.Abs(Convert.ToDouble(pFeature.get_Value(i).ToString())));
        }
    }
    else
    {
        if (fields.get_Field(i).Name.Substring(0, 1) == "T")
        {
            graph_DataStruct3.DataList_recovered.Add(Math.Abs(Convert.ToDouble(pFeature.get_Value(i).ToString())));
        }
    }
}
```

（4）将获取到的数据设置为 ECharts 中的数据格式，如程序代码 8-25 所示。

程序代码 8-25　设置数据

```
for (int i = 0; i < 4; i++)
{
    graph_DataStruct3.GraphNodesList.Add(new GraphNodesData() { name = graph_DataStruct3.DateList[i],
```

x = graph_DataStruct3.DataList_confirmed[i], y = graph_DataStruct3.DataList_recovered[i] });
    }

本节的 ECharts 中的参数设置请参照 8.1 节 ECharts 中的参数设置，这里不再详述。

8.9 可拖动的关系图

本节的后台 REST 服务直接使用 8.1 节的后台 REST 服务，这里不再详述。通过设置 ECharts.option.series 中的相关参数即可实现可拖动的关系图。相关参数如下：

draggable：表示节点是否可拖动，只在力引导布局关系图中才有用。

force.edgeLength：表示两个节点之间的边长，可通过数组表示边长的范围，此时不同的值会线性映射到不同的边长，值越小边长越长。

force.repulsion：表示节点之间的斥力因子，可通过数组表示斥力的范围，此时不同值会线性映射到不同的斥力，值越大则斥力越大。

force.gravity：表示节点受到的向中心的引力因子，该值越大表示节点越往中心点靠拢。

以上参数的具体设置如程序代码 8-26 所示。

程序代码 8-26 设置 series 中的参数

```
series: [{
    type: 'graph',
    layout: 'force',
    animation: false,
    label: {
        position: 'right',
        formatter: '{b}'
    },
    draggable: true,
    data: res.GraphNodesList1,
    categories: res.CategoryList,
    force: {
        edgeLength: 1,
        repulsion: 1,
        gravity: 0.2
    },
    edges: res.GraphLinksList1
}]
```

8.10 日历关系图

日历关系图的实现步骤如下：

（1）在 8.1 节的基础上，本节的后台 REST 服务重新定义新类和新成员，并在构造函数中实例化新成员，如程序代码 8-27 所示。

程序代码 8-27　定义新类和新成员，并在构造函数中实例化新成员

```csharp
[DataContract]
public class Graph_DataStruct4
{
    [DataMember]
    public List<double> DataList_confirmed { get; set; }
    [DataMember]
    public List<ArrayList> DataListList_Confirmed { get; set; }
    [DataMember]
    public List<ArrayList> graphData { get; set; }
    [DataMember]
    public List<GraphLinksData_10> GraphLinksList_10;
    [DataMember]
    public List<string> DateList { get; set; }
    public Graph_DataStruct4()
    {
        DataList_confirmed = new List<double>();
        DataListList_Confirmed = new List<ArrayList>();
        graphData = new List<ArrayList>();
        GraphLinksList_10 = new List<GraphLinksData_10>();
        DateList = new List<string>();
    }
}
[DataContract]
public class GraphLinksData_10
{
    [DataMember]
    public double source { get; set; }
    [DataMember]
    public double target { get; set; }
}
```

（2）访问文件 HBConfirmed_New0407，如程序代码 8-28 所示。

程序代码 8-28　访问文件

```csharp
string path = @"..\..\..\..\data_shp";
IFeatureWorkspace pFeatWS = pWorkspaceFactory.OpenFromFile(path, 0) as IFeatureWorkspace;
IFeatureClass pFeatureClass = pFeatWS.OpenFeatureClass("HBConfirmed_New0407");
```

（3）获取数据，如程序代码 8-29 所示。

程序代码 8-29　获取数据

```csharp
for (int i = fields.FieldCount - 67; i < fields.FieldCount - 7; i++)
{
    if (fields.get_Field(i).Name.Substring(0, 1) == "T")
    {
        graph_DataStruct4.DataList_confirmed.Add(Math.Abs(Convert.ToDouble(pFeature.get_Value(i).
```

ToString())));
        }
    }

（4）对获取到的数据进行处理，设置为 ECharts 中的数据格式，如程序代码 8-30 所示。

程序代码 8-30　设置数据

```
for (int i = 0; i < graph_DataStruct4.DateList.Count; i++)
{
    ArrayList dataList = new ArrayList() { graph_DataStruct4.DateList[i], graph_DataStruct4.DataList_confirmed[i] };
    graph_DataStruct4.DataListList_Confirmed.Add(dataList);
}
for (int i = 0; i < graph_DataStruct4.DateList.Count; i++)
{
    if (graph_DataStruct4.DataList_confirmed[i] > 2000)
    {
        ArrayList dataList = new ArrayList() { graph_DataStruct4.DateList[i], graph_DataStruct4.DataList_confirmed[i] };
        graph_DataStruct4.graphData.Add(dataList);
    }
}
for (int i = 0; i < 12; i++)
{
    graph_DataStruct4.GraphLinksList_10.Add(new GraphLinksData_10() { source = i, target = i + 1 });
}
```

（5）设置 ECharts.option 中的相关参数，相关参数如下：

calendar：表示日历坐标系组件。在热力图、散点图、关系图中可使用日历坐标系。日历坐标系可以使用 left、right、top、bottom、width、height 来描述尺寸和位置，从而将日历坐标系摆放在上、下、左、右等位置，并随着界面尺寸变化来改变自身的尺寸。

calendar.cellSize：表示日历每格框的大小，可设置单值或数组，采用数组时第一个元素表示宽度，第二个元素表示高度。当该参数设置为 auto 时，可支持自适应的大小，默认的高度和宽度均为 20。

calendar.range：必填，表示日历坐标的范围，可支持多种格式。例如，某一年（range: 2017）、某个月（range: '2017-02'）、某个区间（range: ['2017-01-02', '2017-02-23']）。注意，range: ['2017-01', '2017-02']会自动识别为['2017-01-01', '2017-02-01']。

calendar.yearLabel：设置日历坐标系中年轴的样式。

calendar.dayLabel：设置日历坐标系中星期轴的样式。

calendar.monthLabel：设置日历坐标系中月份轴的样式。

以上参数的具体设置如程序代码 8-31 所示。

程序代码 8-31　设置 option 中的参数

```
option = {
    tooltip: {},
```

```
calendar: {
    top: 'middle',
    left: 'center',
    orient: 'vertical',
    cellSize: 30,
    yearLabel: {
        margin: 50,
        textStyle: {
            fontSize: 30,
            color: '#999'
        }
    },
    dayLabel: {
        firstDay: 1,
        nameMap: 'cn'
    },
    monthLabel: {
        nameMap: 'cn',
        margin: 15,
        textStyle: {
            fontSize: 20,
            color: '#999'
        }
    },
    range: ['2020-02', '2020-03-31']
},
```

（6）设置 ECharts.option.series 中的相关参数。相关参数如下：

coordinateSystem：表示数据系列使用的坐标系，该参数的可选值包括 null 或者 none（表示无坐标系），cartesian2d（表示使用二维的直角坐标系，也称笛卡儿坐标系，可通过 xAxisIndex、yAxisIndex 指定相应的坐标轴组件），polar（表示使用极坐标系，可通过 polarIndex 指定相应的极坐标组件），geo（表示使用地理坐标系，通过 geoIndex 指定相应的地理坐标系组件）。

calendarIndex：表示使用的日历坐标系的 index，在单个图表实例中存在多个日历坐标系时有用。

以上参数的具体设置如程序代码 8-32 所示。

程序代码 8-32　设置 series 中的参数

```
series: [{
    type: 'graph',
    edgeSymbol: ['none', 'arrow'],
    coordinateSystem: 'calendar',
    links: links,
    symbolSize: 15,
```

```
        calendarIndex: 0
    },
    {
        type: 'heatmap',
        coordinateSystem: 'calendar',
        data: data
    }]
```

第 9 章 大数据图形可视化之树图

9.1 从左到右的树图

树图主要用来可视化树状数据结构,是一种特殊的层次类型,具有唯一的根节点。从左到右的树图的实现步骤如下:

(1) 在后台 REST 服务中重新定义新类和新成员,并在构造函数中实例化新成员,如程序代码 9-1 所示。

程序代码 9-1 定义新类和新成员,并在构造函数中实例化新成员

```
[DataContract]
public class Tree1
{
    [DataMember]
    public string name { get; set; }
    [DataMember]
    public List<Tree2> children { get; set; }
    public Tree1()
    {
        children = new List<Tree2>();
    }
}
public class Tree2
{
    [DataMember]
    public string name { get; set; }
    [DataMember]
    public List<Tree3> children { get; set; }
    public Tree2()
    {
        children = new List<Tree3>();
    }
```

```
}
public class Tree3
{
    [DataMember]
    public string name { get; set; }
    [DataMember]
    public double value { get; set; }
}
```

（2）访问文件 city_tree1，如程序代码 9-2 所示。

程序代码 9-2　访问文件

```
string path = @"..\..\..\..\data_shp";
IFeatureWorkspace pFeatWS = pWorkspaceFactory.OpenFromFile(path, 0) as IFeatureWorkspace;
IFeatureClass pFeatureClass = pFeatWS.OpenFeatureClass("city_tree1");
```

（3）读取数据并设置为 ECharts 中的数据格式，如程序代码 9-3 所示。

程序代码 9-3　读取并设置数据

```
string firstProvinceName = pFeature.get_Value(3).ToString();
Tree1 tree1 = new Tree1();
tree1.name = "中国";
Tree2 tree2 = new Tree2();
while (pFeature != null)
{
    string currentProvinceName = pFeature.get_Value(3).ToString();
    if (currentProvinceName != firstProvinceName)
    {
        tree1.children.Add(tree2);
        tree2 = new Tree2();
        firstProvinceName = currentProvinceName;
    }
    tree2.name = currentProvinceName;
    Tree3 tree3 = new Tree3() { name = pFeature.get_Value(2).ToString(), value = Convert.ToDouble(pFeature.get_Value(50).ToString()) };
    tree2.children.Add(tree3);
    pFeature = pFCursor.NextFeature();
}
```

（4）设置 ECharts 中的相关参数。相关参数如下：

tooltip.trigger：表示触发类型。当该参数的取值为 item 时，表示数据项图形触发，主要用于散点图、饼图等无类目轴的图表。当该参数的取值为 axis 时，表示坐标轴触发，主要用于柱状图、折线图等使用类目轴的图表。ECharts 2.x 只支持在类目轴上使用 axis trigger，ECharts 3 支持在直角坐标系和极坐标系的所有类型的轴上使用 axis trigger，并且可以通过 axisPointer.axis 指定坐标轴。当该参数的取值为 none 时，表示什么都不触发。

tooltip.triggerOn：表示提示框触发的条件。当该参数的取值为 mousemove 时，表示移动鼠标时触发提示框。当该参数的取值为 click 时，表示单击鼠标时触发提示框。当该参数的取

值为 mousemove|click 时，表示同时移动鼠标或单击鼠标时触发提示框。当该参数的取值为 none 时，表示在移动鼠标或单击鼠标时不触发提示框，用户既可以通过 action.tooltip.showTip 和 action.tooltip.hideTip 来手动触发和隐藏提示框，也可以通过 axisPointer.handle 来触发或隐藏提示框。该属性为 ECharts 3.0 中新加属性。

series.label.verticalAlign：表示文字垂直对齐方式，默认自动。当该参数的可选值包括 top、middle、bottom 时，如果没有设置 verticalAlign，则会取父层级的 verticalAlign。

series.leaves：表示叶子节点的特殊配置，叶子节点和非叶子节点的标签位置不同。

以上参数的具体设置如程序代码 9-4 所示。

程序代码 9-4 设置 ECharts 中的相关参数

```
tooltip: {
    trigger: 'item',
    triggerOn: 'mousemove'
},
series: [
    {
        type: 'tree',
        data: [res],
        top: '1%',
        left: '7%',
        bottom: '1%',
        right: '20%',
        symbolSize: 7,
        label: {
            position: 'left',
            verticalAlign: 'middle',
            align: 'right',
            fontSize: 12,
            color:"black"
        },
        lineStyle:{
            color:"red"
        },
        leaves: {
            label: {
                position: 'right',
                verticalAlign: 'middle',
                align: 'left'
            }
        },
```

9.2 多个树图

本节的后台 REST 服务直接使用 9.1 节的后台 REST 服务，这里不再详述。

本节的 ECharts 中的大部分参数设置请参照 9.1 节中的参数设置，这里只介绍部分参数的设置：

legend.data.icon：表示图例项的 icon。ECharts 提供的标记类型包括 circle、rect、roundrect、triangle、diamond、pin、arrow、none。可以通过"image://url"将图例项的 icon 设置为图片，其中 URL 是图片的链接或者 dataURI。ECharts 中的参数设置如程序代码 9-5 所示。

程序代码 9-5　设置 ECharts 中的参数

```
legend: {
    top: '2%',
    left: '3%',
    orient: 'vertical',
    data: [{
        name: 'tree1',
        icon: 'rectangle'
    },
    {
        name: 'tree2',
        icon: 'rectangle'
    }],
},
```

9.3　从底到顶的树图

本节的后台 REST 服务直接使用 9.1 节的后台 REST 服务，这里不再赘述。

本节的 ECharts 中的大部分参数设置请参照 9.1 节中的参数设置，这里只介绍部分参数的设置：

symbol：表示标记的图形，当取值为 emptyCircle 时，表示空心圆。

orient：表示树图中正交布局的方向，也就是说只有在 layout = orthogonal 时，该参数才生效。该参数的取值包括 LR、RL、TB、BT，对应于水平方向的从左到右、从右到左，以及垂直方向的从上到下、从下到上。注意，设置项 horizontal 等同于 LR，vertical 等同于 TB。

expandAndCollapse：表示树图的折叠和展开，默认为展开。由于绘图区域是有限的，而通常一个树图的节点可能会比较多，这样就会在节点之间出现相互遮盖的问题。为了避免这一问题，可以折叠暂时无关的子树图，等需要时再将其展开。注意：如果将自定义的图片作为节点的标记，则无法通过填充色来区分当前节点是否有折叠的子树图。目前暂不支持两张图片分别表示树图折叠和展开两种状态，所以如果想明确地显示树图的两种状态，则建议使用 ECharts 常规的标记类型，如 emptyCircle 等。

animationDurationUpdate：表示数据更新动画的时长，可以通过每个数据返回不同的时长实现更明显的更新动画效果，如 animationDurationUpdate: function (idx) {return idx * 100;}，注意越往后的数据时长越大。

以上参数的具体设置如程序代码 9-6 所示。

程序代码 9-6　设置 series 中的参数

```
series: [
    {
        type: 'tree',
        data: [res],
        left: '2%',
        right: '2%',
        top: '20%',
        bottom: '8%',
        symbol: 'emptyCircle',
        orient: 'BT',
        expandAndCollapse: true,
        label: {
            position: 'bottom',
            rotate: 90,
            verticalAlign: 'middle',
            align: 'right',
            fontSize: 12,
            color:"black"
        },
        lineStyle:{
            color:"red"
        },
        leaves: {
            label: {
                position: 'top',
                rotate: 90,
                verticalAlign: 'middle',
                align: 'left'
            }
        },
        animationDurationUpdate: 750
    }
]
```

9.4 从右到左的树图

本节的后台 REST 服务直接使用 9.1 节的后台 REST 服务，这里不再详述。

在设置 ECharts 中的参数之前，先说明一下语句"echarts.util.each(res.children, function (datum, index) {index % 2 === 0 && (datum.collapsed = true);});"的含义。该语句先通过 ECharts 中的 util.each()函数遍历后台 REST 服务返回 JSON 数据中的 res.children 子数据，再通过 function()函数使得子数据间隔展开。其中，collapsed 表示将子树图折叠起来。由于绘图区域是有限的，而通常一个树图的节点可能会比较多，这样就会在节点之间出现相互遮盖的问题。

为了避免这一问题，可以折叠暂时无关的子树图，等需要时再将其展开。

接下来设置 ECharts.series 中的参数，相关参数如下：

orient：当取值为 RL 时，表示树图中正交布局的方向是从右到左。

label.position：当取值为 right 时，表示父标签和未展开的子标签位于右侧。

label.verticalAlign：当取值为 center 时，表示父标签和子标签的文字垂直对齐方式为居中对齐。

label.align：当取值为 left 时，表示父标签和子标签的文字水平对齐方式为左对齐。

leaves.label.position：表示叶子标签的位置，当取值为 left 时，表示叶子标签位于左侧。

leaves.label.verticalAlign：当取值为 center 时，表示叶子标签的文字垂直对齐方式为居中对齐。

leaves.label.align：当取值为 right 时，表示叶子标签的文字水平对齐方式为右对齐。

expandAndCollapse：表示子树图的折叠和展开，默认为展开，默认值为 true。

animationDuration：表示初始动画的时长，可以通过每个数据返回不同的时长实现更明显的初始动画效果。

animationDurationUpdate：表示数据更新动画的时长，可以通过每个数据返回不同的时长实现更明显的数据更新动画效果。

以上参数的具体设置如程序代码 9-7 所示。

程序代码 9-7 设置 ECharts 中的参数

```
echarts.util.each(res.children, function (datum, index) {index % 2 === 0 && (datum.collapsed = true);});
myChart1.setOption(option = {
    series:[
        {
            type: 'tree',
            data: [res],
            top: '1%',
            left: '15%',
            bottom: '1%',
            right: '7%',
            symbolSize: 7,
            orient: 'RL',
            label: {
                position: 'right',
                verticalAlign: 'middle',
                align: 'left',
                fontSize: 12,
                color:"black"
            },
            lineStyle:{
                color:"red"
            },
            leaves: {
                label: {
```

第 9 章 大数据图形可视化之树图

```
                    position: 'left',
                    verticalAlign: 'middle',
                    align: 'right'
                }
            },
            expandAndCollapse: true,
            animationDuration: 550,
            animationDurationUpdate: 750
        }
    ]
});
```

9.5 由中心向四周生长的树图

本节的后台 REST 服务直接使用 9.1 节的后台 REST 服务，这里不再详述。

需要设置 ECharts.series 中的相关参数如下：

layout：表示树图的布局，有正交和径向两种。正交布局就是我们通常所说的水平方向和垂直方向，对应的参数取值为 orthogonal。径向布局是指以根节点为圆心，每一层节点为环，一层层向外发散绘制而成的布局，对应的参数取值为 radial。

initialTreeDepth：表示树图初始展开的层级（深度）。根节点是第 0 层，然后是第 1 层、第 2 层、…，直到叶子节点为止。该参数主要和折叠、展开一起使用，目的是防止一次展开过多节点，以免节点之间发生遮盖。如果设置为-1、null 或者 undefined，则所有节点都将被展开。

以上参数的具体设置如程序代码 9-8 所示。

程序代码 9-8 设置 series 中的参数

```
series: [
    {
        type: 'tree',
        lineStyle:{
            color:"red"
        },
        label: {
            fontSize: 12,
            color:"black"
        },
        data: [res],
        top: '18%',
        bottom: '14%',
        layout: 'radial',
        symbol: 'emptyCircle',
        symbolSize: 7,
        initialTreeDepth: 3,
```

```
            animationDurationUpdate: 750
        }
]
```

9.6 从顶到底的树图

本节的后台 REST 服务直接使用 9.1 节的后台 REST 服务，这里不再赘述。

在 9.5 节的基础上，本节需要设置的 ECharts 参数如下：

orient：当该参数的取值为 vertical 时，等同于 TB，表示树图中正交布局的方向是从上到下。

label.position：当该参数的取值为 top 时，表示父标签和子标签位于顶部。

label.rotate：表示标签旋转，取值为-90°～90°。正值表示逆时针旋转。本节中的父标签和子标签均顺时针旋转 90°。

leaves.label.position：表示叶子标签的位置，当该参数的取值为 bottom 时，表示叶子标签位于底部。

leaves.label.rotate：表示标签旋转，取值为-90°～90°，正值表示逆时针旋转。本节中的叶子标签顺时针旋转 90°。

以上参数的具体设置如程序代码 9-9 所示。

程序代码 9-9　设置 series 中的参数

```
series:[
    {
        type: 'tree',
        data: [res],
        left: '2%',
        right: '2%',
        top: '8%',
        bottom: '20%',
        symbol: 'emptyCircle',
        orient: 'vertical',
        expandAndCollapse: true,
        label: {
            position: 'top',
            rotate: -90,
            verticalAlign: 'middle',
            align: 'right',
            fontSize: 9,
            fontSize: 12,
            color:"black"
        },
        lineStyle:{
            color:"red"
        },
```

```
                leaves: {
                    label: {
                        position: 'bottom',
                        rotate: -90,
                        verticalAlign: 'middle',
                        align: 'left'
                    }
                },
                animationDurationUpdate: 750
            }
        ]
```

9.7 矩形树图

矩形树图（Treemap）是一种常见的表示层级数据和树状数据的可视化形式，主要采用矩形方式，可突出展现出树图各层级中的重要节点。

本节的后台 REST 服务直接使用 9.1 节的后台 REST 服务，这里不再详述。

在设置 ECharts 中的参数之前，需要先定义函数 getLevelOption()和 colorMappingChange()，如程序代码 9-10 所示。函数 getLevelOption()会返回 itemStyle 样式设置，可以在函数 colorMappingChange()和 ECharts.series.levels 中直接调用函数 getLevelOption()，从而获得 itemStyle 中的样式设置。函数 colorMappingChange()的作用是当矩形树图的值变化时，其颜色也随着变化。其中，itemStyle.gapWidth 是矩形树图内部子矩形（子节点）的间隔距离。

程序代码 9-10　定义函数

```
function colorMappingChange(value) {
    var levelOption = getLevelOption(value);
    chart.setOption({
        series: [{
            levels: levelOption
        }]
    });
}
var formatUtil = echarts.format;
function getLevelOption() {
    return [
        {
            itemStyle: {
                borderWidth: 0,
                gapWidth: 5
            }
        },
        {
            itemStyle: {
                gapWidth: 1
```

```
                }
            },
            {
                colorSaturation: [0.35, 0.5],
                itemStyle: {
                    gapWidth: 1,
                    borderColorSaturation: 0.6
                }
            }
        ];
}
```

在 ECharts 需要设置的参数中,tooltip 中的内容是通过函数 formatter()返回矩形树图每一级的 path 及最低级的 value。series.visibleMin 表示当前层级最小的 value。如程序代码 9-11 所示。

程序代码 9-11　设置 ECharts 中的参数

```
myChart1.setOption(option = {
    title: {
        text: '确诊人数',
        left: 'center'
    },
    tooltip: {
        formatter: function (info) {
            var value = info.value;
            var treePathInfo = info.treePathInfo;
            var treePath = [];
            for (var i = 1; i < treePathInfo.length; i++) {
                treePath.push(treePathInfo[i].name);
            }
            return [
                '<div class="tooltip-title">' + formatUtil.encodeHTML(treePath.join('/')) + '</div>',
                '确诊人数: ' + formatUtil.addCommas(value) + ' 例',
            ].join('');
        }
    },
    series: [
        {
            name: '确诊人数',
            type: 'treemap',
            visibleMin: 300,
            data: [res]
```

9.8　显示父标签的矩形树图

本节的后台 REST 服务直接使用 9.1 节中的后台 REST 服务,这里不再详述。

在 9.7 节的基础上，本节 ECharts 中的参数只需设置 upperLabel，该参数用于显示矩形的父节点标签。当 upperLabel.show 为 true 时，可开启显示父节点标签的功能。同 series-treemap.label 一样，upperLabel 可以存在于 series-treemap 的根节点、series-treemap.level 或者 series-treemap.data 的每个数据项中。series-treemap.label 描述的是当前节点为叶子节点时标签的样式；upperLabel 描述的是当前节点为非叶子节点（即含有子节点）时标签的样式，此时标签一般会显示在节点的最上部。

9.9 基础矩形树图

本节的后台 REST 服务直接使用 9.1 节的后台 REST 服务，这里不再赘述。本节主要介绍 series-treemap.data 的设置。series-treemap.data 的值是后台 REST 服务返回的 JSON 数据，如程序代码 9-12 所示。

series-treemap.data 的数据格式是树状的。值得注意的是，数据格式最外层是一个数组，但并不是从某个根节点开始的。series-treemap.data.value 表示每个树节点的值，对应着矩形面积大小，既可以是 number，也可以是数组，如[2323, 43, 55]，数组第一项对应着矩形面积大小。series-treemap.data.name 表示显示在矩形中的描述文字。上述参数的设置详见 9.1 节的后台 REST 服务。

程序代码 9-12 设置 series-treemap.data 的参数

```
option = {
    series:
        {
            type: 'treemap',
            data:[res]
        }
};
```

第 10 章

大数据图形可视化之三维显示

10.1 三维柱状图

三维柱状图可以在三维空间中以立方体的形式显示每个数据。由于 5.6 节中的后台 REST 服务中的数据包含省份、日期和人数等数据，而本节中 ECharts 所需的数据格式也是三维的，所以本节的后台 REST 服务可以直接使用 5.6 节的后台 REST 服务，这里不再详述。

需要设置的 ECharts.option 相关参数如下：

xAxis3D：表示三维笛卡儿坐标系中的 x 轴。在 xAxis3D 下设置的 axisLine、axisTick、axisLabel、splitLine、splitArea、axisPointer 会覆盖 grid3D 下的相应配置项。

xAxis3D.type：表示 x 轴坐标轴类型。该参数的可选值包括：value，表示数值轴，适用于连续数据；category，表示类目轴，适用于离散的类目数据，为该类型时必须通过 data 设置类目数据；time，表示时间轴，适用于连续的时序数据，与数值轴相比，时间轴带有时间的格式化，在刻度计算上也有所不同，如会根据跨度的范围来决定使用月、星期、日、小时范围的刻度；log，表示对数轴，适用于对数数据。

yAxis3D：表示三维笛卡儿坐标系中的 y 轴。在 yAxis3D 下设置的 axisLine、axisTick、axisLabel、splitLine、splitArea、axisPointer 会覆盖 grid3D 下的相应配置项。

yAxis3D.type：表示 y 轴坐标轴类型。可选取值同 xAxis3D.type 一样。

zAxis3D：表示三维笛卡儿坐标系中的 z 轴。在 zAxis3D 下设置的 axisLine、axisTick、axisLabel、splitLine、splitArea、axisPointer 会覆盖 grid3D 下的相应配置项。

zAxis3D.type：表示 z 轴坐标轴类型。可选取值同 xAxis3D.type 一样。

grid3D：表示三维笛卡儿坐标系组件。需要和 xAxis3D、yAxis3D、zAxis3D 三个三维笛卡儿坐标系组件一起使用。用户既可以在三维笛卡儿坐标系上绘制三维折线图、三维柱状图、三维散点/气泡图、曲面图，也可以设置 postEffect、light 等配置项，从而提升 grid3D 中三维图表的显示效果。

grid3D.boxWidth：表示三维笛卡儿坐标系在三维场景中的宽度，配合 viewControl.distance 可以得到最合适的展示尺寸。

grid3D.boxDepth：表示三维笛卡儿坐标系在三维场景中的深度。

grid3D.viewControl：用于鼠标的旋转、缩放等视角控制。

grid3D.viewControl.projection：表示投影方式，默认为透视投影 perspective，可支持设置为正交投影 orthographic。

grid3D.light：用于光照相关的设置，在 shading 为 color 时无效。光照的设置会影响组件，以及组件所在坐标系上的所有图表。合理的光照设置能够让整个场景的明暗变得更丰富、更有层次。

grid3D.light.main：用于场景主光源的设置，在 globe 组件中就是太阳光。

grid3D.light.main.intensity：表示主光源的强度。

grid3D.light.main.shadow：表示主光源是否投射阴影。默认为关闭。开启投射阴影后可以给场景带来更真实和有层次的光照效果，但同时会增加程序的运行开销。

grid3D.light.ambient：用于全局的环境光的设置。

grid3D.light.ambient.intensity：表示环境光的强度。

以上参数的具体设置如程序代码 10-1 所示。

程序代码 10-1　设置 option 中的参数

```
xAxis3D: {
    type: 'category',
    data: dates
},
yAxis3D: {
    type: 'category',
    data: provinces
},
zAxis3D: {
    type: 'value'
},
grid3D: {
    boxWidth: 150,
    boxDepth: 80,
    viewControl: {
        //projection: 'orthographic'
    },
    light: {
        main: {
            intensity: 1.2,
            shadow: true
        },
        ambient: {
            intensity: 0.3
        }
    }
},
```

需要设置的 series 相关参数如下：

type：当该参数的取值为 bar3D 时，表示三维柱状图。该参数可用于三维直角坐标系 grid3D、三维地理坐标系 geo3D、地球 globe，通过高度、颜色等属性展示数据。

shading：表示三维柱状图中三维图形的着色效果。ECharts GL 支持三种着色方式：color 表示只显示颜色，不受光照等其他因素的影响；lambert 表示通过经典的 lambert 着色表现光照带来的明暗；realistic 表示真实感渲染，配合 light.ambientCubemap 和 postEffect 可以使画面效果和质感得到质的提升。ECharts GL 是通过基于物理的渲染（PBR）来表现真实感材质的。

以上参数的具体设置如程序代码 10-2 所示。

程序代码 10-2　设置 series 中的参数

```
series: [{
    type: 'bar3D',
    data: data.map(function (item) {
        return {
            value: [item[1], item[0], item[2]],
        }
    }),
    shading: 'lambert',
```

10.2　三维散点图

三维散点图可以在三维空间中展示数据点。由于本节后台 REST 服务中的数据结构和数据处理方法与 3.13 节中的后台 REST 服务中的数据结构和数据处理方法一致，所以本节后台 REST 服务的具体实现请参照 3.13 节后台 REST 服务，这里不再赘述。

在设置 ECharts 中的相关参数之前，需要先定义 symbolSize 和 data，再设置 ECharts.series 中的相关参数。相关参数如下：

type：当该参数的取值为 scatter3D 时，表示三维散点图、气泡图。该参数可用于三维直角坐标系 grid3D、三维地理坐标系 geo3D、地球 globe，通过大小、颜色等属性展示数据。

encode：表示可以将 data 的哪个维度编码成什么，数组中的每一列称为一个维度。当该参数的取值为 x 时，表示维度 confirmed 映射到 x 轴。同样，维度 recovered 和 death 分别映射到 y 轴和 z 轴。

以上参数的具体设置如程序代码 10-3 所示。

程序代码 10-3　设置 series 中的参数

```
var symbolSize = 5;
var data=res.MainMonthBarDataList;
series: [
    {
        type: 'scatter3D',
        symbolSize: symbolSize,
        encode: {
            x: 'confirmed',
            y: 'recovered',
            z: 'death',
            tooltip: [0, 1, 2, 3, 4]
        }
```

        }
    ]

10.3 三维图像

ECharts 可以根据图像中每个像素值的大小，在三维空间中对其进行拉伸渲染。由于本节制作的曲面图只需要加载湖北省疫情分布图，因此不需要调用后台 REST 服务，仅需要在 ECharts 中引入湖北省疫情分布图的 Base64 编码即可。实现步骤为：首先将图像在线转换为 Base64 编码；然后复制粘贴 Base64 编码，并赋值给 img.src，如程序代码 10-4 所示。由于图像的 Base64 编码太长，程序代码 10-4 只是其中的一部分，完整的 Base64 编码详见本书配套资源中的 10.3.html 文件。

程序代码 10-4　引入图像的 Base64 编码

img.src = 'data:image/png;base64,iVBORw0KGgoAAAANSUhEUgAAAyoAAAIsCAIAAACShco5AAAgAElEQVR4AeydB3xURRPA573l0KA0KsgRemigqCIBSmCil A8aMKWAAREaQLCCIKUkQBC4qIIqgoqBUKdJ7 7kd4SepLr5b1vHgkpl8v1u1du9pefvrI7M/vf......'

引入图像后还需要对图像进行相应的处理，处理步骤如下：

首先创建 Canvas 对象，<canvas>标签用于绘制图像。通过函数 document.createElement() 可创建<canvas>元素，如 "var canvas = document.createElement('canvas');"。注意：<canvas>元素本身并没有绘制能力（它仅仅是图像的容器），所以必须使用脚本来完成实际的绘制任务。

然后通过函数 getContext()返回一个对象，该对象提供了用于在画布上绘图的方法和属性。

接着通过触发 img.onload 事件执行处理图像的 JavaScript 代码。通过函数 context.drawImage(img,x,y,width,height)可以在画布上绘制图像，并规定图像的宽度和高度。在该函数中，img 表示规定要使用的图像、画布或视频；x 表示在画布上放置图像的 x 轴上的坐标；y 表示在画布上放置图像的 y 轴上的坐标。width 可选，表示要使用的图像的宽度；height 可选，表示要使用的图像的高度。

设置完绘制图像的位置和尺寸之后，通过函数 getImageData()可返回 ImageData 对象，该对象复制了画布指定范围的像素数据。对于 ImageData 对象中的每个像素，都存在着四方面的信息，即 RGBA 值：R 表示红色（0～255）、G 表示绿色（0～255）、B 表示蓝色（0～255）、A 表示 alpha 通道（0～255；0 是透明的，255 是完全可见的）。RGBA 值以数组的形式存在，并存储于 ImageData 对象的 data 属性中。函数 getImageData()的用法是 context.getImageData (x,y,width,height)，具体参数如下：

x：表示开始复制的左上角位置在 x 轴上的坐标（以像素计）。
y：表示开始复制的左上角位置在 y 轴上的坐标（以像素计）。
width：要复制的矩形区域的宽度。
height：要复制的矩形区域的高度。

由于函数 getImageData()返回的数据是一个一维数组，其中数组的每 4 个元素表示一个像素，所以 for 循环中 i 小于 imgData.data.length / 4。for 循环中的操作是设置图像像素的颜色，最终将处理后的数据通过函数 push()放进 data 中。函数 Math.floor()表示返回小于或等于 x 的最大整数，如果传递给该函数的参数是一个整数，则返回值不变。

以上参数的具体设置如程序代码 10-5 所示。

程序代码 10-5　处理图像

```
var img = new Image();
var canvas = document.createElement('canvas');
var ctx = canvas.getContext('2d');
img.onload = function () {
    var width = canvas.width = img.width;
    var height = canvas.height = img.height;
    ctx.drawImage(img, 0, 0, width, height);
    var imgData = ctx.getImageData(0, 0, width, height);
    var data = [];
    for (var i = 0; i < imgData.data.length / 4; i++) {
        var r = imgData.data[i * 4];
        var g = imgData.data[i * 4 + 1];
        var b = imgData.data[i * 4 + 2];
        var lum = 255 - (0.2125 * r + 0.7154 * g + 0.0721 * b);
        lum = (lum - 125) / 10 + 50;
        data.push([i % width, height - Math.floor(i / width), lum]);
    }
}
```

通过对图像的处理，可获得 ECharts 所需的数据。在 ECharts 中需要设置三维坐标系中 3 个坐标轴的参数，相关参数如下：

xAxis3D.nameTextStyle.color：表示 x 轴刻度标签文字的颜色。

yAxis3D.nameTextStyle.color：表示 y 轴刻度标签文字的颜色。

zAxis3D.nameTextStyle.color：表示 z 轴刻度标签文字的颜色。

zAxis3D.min：表示坐标轴刻度最小值。当该参数设置成特殊值 dataMin 时，此时将数据在该坐标轴上的最小值作为最小刻度。不设置该参数时，会自动计算最小值，以保证坐标轴刻度的均匀分布。在类目轴中，可以将该参数设置为类目的序数。在类目轴 data: ['类 A', '类 B', '类 C'] 中，序数 2 表示"类 C"；也可以设置为负数，如-3。

zAxis3D.max：表示坐标轴刻度最大值。该参数可以设置成特殊值 dataMax，此时将数据在该轴上的最大值作为最大刻度。如果不设置该参数，则自动计算最大值，以保证坐标轴刻度的均匀分布。在类目轴中，该参数也可以设置为类目的序数。在类目轴 data: ['类 A', '类 B', '类 C'] 中，序数 2 表示"类 C"；也可以设置为负数，如-3。

以上参数的具体设置如程序代码 10-6 所示。

程序代码 10-6　设置坐标轴样式

```
xAxis3D: {
    type: 'value',
    axisLabel:{
        color:"red"
    },
    nameTextStyle:{
        color:"black"
```

```
        }
    },
    yAxis3D: {
        type: 'value',
        axisLabel:{
            color:"red"
        },
        nameTextStyle:{
            color:"black"
        }
    },
    zAxis3D: {
        type: 'value',
        min: 0,
        max: 100,
        axisLabel:{
            color:"red"
        },
        nameTextStyle:{
            color:"black"
        }
    },
```

设置三维笛卡儿坐标系组件涉及的参数如下：

grid3D.viewControl：viewControl 用于控制鼠标的旋转、缩放等视角。

grid3D.viewControl.distance：默认视角距离主体的距离。对于 globe 来说，该参数表示到地球表面的距离；对于 grid3D 和 geo3D 来说，该参数表示到中心原点的距离。该参数在 projection 为 perspective 时有效。

grid3D.postEffect：用于设置后处理特效的相关配置。后处理特效可以为图像添加高光、景深、环境光遮蔽、调色等效果。

grid3D.postEffect.enable：表示是否开启后处理特效，默认为关闭。

grid3D.light.ambientCubemap：ambientCubemap 会使用纹理作为环境光的光源，为物体提供漫反射和高光反射。通过 diffuseIntensity 和 specularIntensity 可以分别设置漫反射强度和高光反射强度。

grid3D.light.ambientCubemap.texture：表示环境光贴图的 URL，支持使用.hdr 格式的 HDR 图像。

grid3D.light.ambientCubemap.diffuseIntensity：表示漫反射强度。

grid3D.light.ambientCubemap.specularIntensity：表示高光反射强度。

以上参数的具体设置如程序代码 10-7 所示。

程序代码 10-7　设置三维笛卡儿坐标系组件

```
grid3D: {
    axisPointer: {
        show: false
```

```
        },
        viewControl: {
            distance: 100
        },
        postEffect: {
            enable: true
        },
        light: {
            main: {
                shadow: true,
                intensity: 2
            },
            ambientCubemap: {
                //texture: ROOT_PATH + 'data-gl/asset/canyon.hdr',
                exposure: 2,
                diffuseIntensity: 0.2,
                specularIntensity: 1
            }
        }
    },
```

需要设置的 series 相关参数如下：

wireframe：表示曲面图的网格线。

wireframe.show：表示是否显示网格线，默认为显示。当该参数的取值为 true 时，表示显示网格线；当该参数的取值为 false 时，表示不显示网格线。

以上参数的具体设置如程序代码 10-8 所示。

程序代码 10-8　设置 series 中的参数

```
series: [{
    type: 'surface',
    silent: true,
    wireframe: {
        show: false
    },
    itemStyle: {
        color: function (params) {
            var i = params.dataIndex;
            var r = imgData.data[i * 4];
            var g = imgData.data[i * 4 + 1];
            var b = imgData.data[i * 4 + 2];
            return 'rgb(' + [r, g, b].join(',') + ')';
        }
    },
    data: data
}]
```

第11章 大数据图形可视化之其他图形

11.1 基础蜡烛图

基础蜡烛图的实现步骤如下：

（1）在后台 REST 服务中重新定义新类和新成员，并在构造函数中实例化新成员，如程序代码 11-1 所示。

程序代码 11-1　添加新类和新成员，并在构造函数中实例化新成员

```
[DataContract]
public class K_DataStruct
{
    [DataMember]
    public List<double> DataList_Recovered { get; set; }
    [DataMember]
    public List<List<double>> DataListList_Recovered { get; set; }
    [DataMember]
    public List<string> DateList { get; set; }
    public K_DataStruct()
    {
        DataList_Recovered = new List<double>();
        DateList = new List<string>();
        DataListList_Recovered = new List<List<double>>();
    }
}
```

（2）获取日期，并将获取到的日期设置为"2020-02-27"格式，如程序代码 11-2 所示。

程序代码 11-2　设置日期的格式

```
for (int i = fields.FieldCount - 5; i < fields.FieldCount; i++)
{
    //获取各个字段
    IField field = fields.get_Field(i);
```

```
            //若字段名是以 T 开头的，那么将该字段名添加到数组中
            if (fields.get_Field(i).Name.Substring(0, 1) == "T")
            {
                //获取各个字段名并将第一个字符移除
                string fieldName = field.Name.Substring(1);
                string date = fieldName.Insert(4, "-");
                string dateNew = date.Insert(7, "-");
                k_DataStruct.DateList.Add(dateNew);
            }
        }
```

（3）读取数据，将读取到的数据以二维数组的形式存入相应的数组中，如程序代码 11-3 所示。

程序代码 11-3　设置数据为二维数组形式

```
List<List<double>> DataListList_Recovered = new List<List<double>>();
while (pFeature != null)
{
    List<double> DataList_RecoveredRow = new List<double>();
    for (int i = fields.FieldCount-5; i < fields.FieldCount; i++)
    {
        if (fields.get_Field(i).Name.Substring(0, 1) == "T")
        {
            DataList_RecoveredRow.Add(Math.Abs(Convert.ToDouble(pFeature.get_Value(i).ToString())));
        }
    }
    DataListList_Recovered.Add(DataList_RecoveredRow);
    pFeature = pFCursor.NextFeature();
}
for (int i = 0; i < 5; i++)
{
    k_DataStruct.DataListList_Recovered.Add(DataListList_Recovered[i]);
}
```

（4）设置 ECharts 中的相关参数。相关参数如下：

series.type：当该参数的取值为 k 时，表示 K 线图。ECharts 3，同时支持 candlestick 和 k 这两种 series.type（k 会被自动转为 candlestick），如程序代码 11-4 所示。

程序代码 11-4　设置 ECharts 中的参数

```
option = {
    xAxis: {
        data: res.DateList
    },
    yAxis: {name:"治愈人数"},
    series: [{
        type: 'k',
```

```
            data:res.DataListList_Recovered
        }]
    };
```

11.2 基础热力图

由于 5.6 节中的后台 REST 服务中的数据是三维数据，包括省份、日期和人数，本节中 ECharts 所需的数据也是三维数据，所以本节的后台 REST 服务可以直接使用 5.6 节的后台 REST 服务，这里不再赘述。

要实现基础热力图，需要设置 ECharts.series 中的参数 series.type，当该参数的取值为 heatmap 时，表示基础热力图是通过颜色来表示数值大小的，这时必须配合使用 visualMap 组件。该参数可以应用在直角坐标系和地理坐标系中，这两种坐标系上的表现形式相差很大，在直角坐标系中必须使用两个类目轴。series.type 参数的设置如程序代码 11-5 所示。

程序代码 11-5　series.type 参数的设置

```
series: [{
    name: 'Punch Card',
    type: 'heatmap',
    data: data,
    label: {
        show: true
    },
    emphasis: {
        itemStyle: {
            shadowBlur: 10,
            shadowColor: 'rgba(0, 0, 0, 0.5)'
        }
    }
}]
```

11.3 日历热力图

日历热力图是在日历图中显示每一天的数据大小，可用不同的颜色表示数据的大小。本节的后台 REST 服务需要在 11.1 节的基础上将访问文件 china_provinceNew_recovered 换为 HBrecovered_New0407，如程序代码 11-6 所示。

程序代码 11-6　访问文件

```
string path = @"..\..\..\..\data_shp";
IFeatureWorkspace pFeatWS = pWorkspaceFactory.OpenFromFile(path, 0) as IFeatureWorkspace;
IFeatureClass pFeatureClass = pFeatWS.OpenFeatureClass("HBrecovered_New0407");
```

要实现日历热力图，还需要设置 ECharts 中的参数 series.coordinateSystem，当该参数的取值为 calendar 时，表示使用的是日历坐标，如程序代码 11-7 所示。

程序代码 11-7　设置 ECharts 中的参数

```
series: {
    type: 'heatmap',
    coordinateSystem: 'calendar',
    data: data
}
```

11.4　图标日历图

图标日历图可以在日历图中以图标的形式展示数据的变化，常用于需要突出显示特殊数据的场景。图标日历图的实现步骤如下：

（1）在 11.3 节的基础上，本节的后台 REST 服务重新定义新类和新成员，并在构造函数中实例化新成员，如程序代码 11-8 所示。

程序代码 11-8　定义新类和新成员，并在构造函数中实例化新成员

```
[DataContract]
public class CalendarIcon_DataStruct
{
    [DataMember]
    public List<double> DataList_Confirmed { get; set; }
    [DataMember]
    public List<double> DataList_Confirmed_sort { get; set; }
    [DataMember]
    public List<ArrayList> DataListList_Confirmed { get; set; }
    [DataMember]
    public List<string> ProvinceNameList { get; set; }
    [DataMember]
    public List<string> DateList { get; set; }
    public CalendarIcon_DataStruct()
    {
        DataList_Confirmed = new List<double>();
        DataList_Confirmed_sort = new List<double>();
        DataListList_Confirmed = new List<ArrayList>();
        ProvinceNameList = new List<string>();
        DateList = new List<string>();
    }
}
```

（2）访问文件 HBConfirmed_New0407，如程序代码 11-9 所示。

程序代码 11-9　访问文件

```
string path = @"..\..\..\..\data_shp";
IFeatureWorkspace pFeatWS = pWorkspaceFactory.OpenFromFile(path, 0) as IFeatureWorkspace;
IFeatureClass pFeatureClass = pFeatWS.OpenFeatureClass("HBConfirmed_New0407");
```

（3）获取湖北省新增确诊人数数据，如程序代码 11-10 所示。

程序代码 11-10　获取数据

```
for (int i = fields.FieldCount - 38; i < fields.FieldCount - 7; i++)
{
    //获取各个字段
    IField field = fields.get_Field(i);
    //若字段名是以 T 开头的，那么将该字段名添加到数组中
    if (fields.get_Field(i).Name.Substring(0, 1) == "T")
    {
        //获取各个字段名并将第一个字符移除
        string fieldName = field.Name.Substring(1);
        string date = fieldName.Insert(4, "-");
        string dateNew = date.Insert(7, "-");
        calendarIcon_DataStruct.DateList.Add(dateNew);
    }
}
while (pFeature != null)
{
    for (int i = fields.FieldCount - 38; i < fields.FieldCount - 7; i++)
    {
        if (fields.get_Field(i).Name.Substring(0, 1) == "T")
        {
            calendarIcon_DataStruct.DataList_Confirmed.Add(Math.Abs(Convert.ToDouble(pFeature.get_Value(i).ToString())));
        }
    }
    pFeature = pFCursor.NextFeature();
}
```

（4）将获取到的数据设置为 ECharts 所需的二维数组形式，二维数组的第一维数据是日期，第二维数据是通过 if 语句确定的。如果某天确诊人数小于 100，则第二维数据为空，表示这一天的新增确诊人数没有达到警告的程度；如果某天确诊人数大于 100，则第二维数据为 0，表示这一天的新增确诊人数达到警告的程度。将数据设置为二维数组形式，如程序代码 11-11 所示。

程序代码 11-11　将数据设置为二维数组形式

```
for (int i = 0; i < calendarIcon_DataStruct.DateList.Count; i++)
{
    if (calendarIcon_DataStruct.DataList_Confirmed[i]<100)
    {
        ArrayList dataList = new ArrayList() { calendarIcon_DataStruct.DateList[i], "" };
        calendarIcon_DataStruct.DataListList_Confirmed.Add(dataList);
    }
    if (calendarIcon_DataStruct.DataList_Confirmed[i] > 100)
    {
        ArrayList dataList = new ArrayList() { calendarIcon_DataStruct.DateList[i], "0" };
```

```
                calendarIcon_DataStruct.DataListList_Confirmed.Add(dataList);
        }
}
```

（5）在设置 ECharts 中的参数之前，需要先获得图标格式.svg 的路径。通过在线 SVG 编辑器可制作图标。注意，当使用在线 SVG 编辑器绘制图标时，先使用 Path Tool 绘制图标，再依次单击"视图"→"源代码"，最后将图标格式.svg 的路径复制粘贴到 ECharts 中。引用图标如程序代码 11-12 所示。

程序代码 11-12　引用图标

```
var pathes = ['m250.9785,280.58105l-66.39107,0l0,-36.8311l66.39107,0l0,36.8311zm-3.19618,-63.97124l-59.94717,0l-5.95413,-157.59031l71.31418,0l-5.41287,157.5903l10,0z'];
```

（6）定义数据和日历的布局、颜色，如程序代码 11-13 所示。

程序代码 11-13　定义数据和日历的布局、颜色

```
var data=res.DataListList_Confirmed;
var layouts = [
    [[0, 0]],
    [[-0.25, 0], [0.25, 0]],
    [[0, -0.2], [-0.2, 0.2], [0.2, 0.2]],
    [[-0.25, -0.25], [-0.25, 0.25], [0.25, -0.25], [0.25, 0.25]]
];
var colors = ['#c4332b'];
```

（7）设置图标的样式和日历格子的样式。相关参数如下：

series-custom.renderItem：custom 系列需要开发者提供图形渲染的逻辑，这个渲染逻辑一般命名为 renderItem()函数，data 中的每个数据项（为方便描述，这里称为 dataItem）都会调用 renderItem()函数。renderItem()函数提供了两个参数：参数 params 包含了当前数据信息和坐标系的信息；参数 api 是一些开发者可调用的方法集合。renderItem()函数会返回根据 dataItem 绘制出的图形元素的定义信息。一般来说，renderItem()函数的主要逻辑是将 dataItem 里的值映射到坐标系上的图形元素，这一般会用到 renderItem.arguments.api 中的两个函数：api.value()，用于取出 dataItem 中的数值，如 api.value(0)表示取出当前 dataItem 中第一个维度的数值；api.coord()，用于坐标转换计算，如 var point = api.coord([api.value(0), api.value(1)])表示将 dataItem 中的数值转换成坐标系上的点。有时候还会用到 api.size()函数，表示得到坐标系上一段数值范围对应的长度。通过 api.style()函数可以得到 series.itemStyle 中定义的样式信息，以及视觉映射的样式信息，也可以通过 api.style({fill: 'green', stroke: 'yellow'})覆盖这些样式信息。

series-custom.renderItem.return：表示返回的图形元素，每个图形元素都是一个 object。如果什么都不渲染，则可以不返回任何图形元素。

echarts.util.map：用 map()函数遍历 data 的每个数据项。

series-custom.renderItem.return_group：group 是唯一可以有子节点的容器，可以用来整体定位一组图形元素。

series-custom.renderItem.return_path：该参数既可以使用 SVG PathData 作为路径，也可以用来画图标或者其他各种图形。

series-custom.renderItem.return_path.shape.layout：如果指定了 width、height、x、y 等数据，则会根据指定的数据定义矩形及其 PathData。layout 用于指定缩放策略，当该参数的取值为 center 时，保持 PathData 原来的长宽比，居于矩形中心，尽可能撑大但不会超出矩形；当该参数的取值 cover 时，PathData 拉伸为矩形的长宽比，完全填满矩形，但不会超出矩形。

series-custom.renderItem.return_path.shape.x：表示图形元素的左上角在父节点坐标系（以父节点左上角为原点）中的横坐标值。

series-custom.renderItem.return_path.shape.y：表示图形元素的左上角在父节点坐标系（以父节点左上角为原点）中的纵坐标值。

series-custom.renderItem.return_path.shape.width：表示图形元素的宽度。

series-custom.renderItem.return_path.shape.height：表示图形元素的高度。

series-custom.renderItem.return_path.Position：图形元素可以进行标准的 2D 变换，标准的 2D 变换包含：平移（position），默认值是[0, 0]，表示方式为[横向平移的距离，纵向平移的距离]，向右平移和向下平移用正值表示；旋转（rotation），默认值是 0，用旋转的弧度值表示，正值表示逆时针旋转；缩放（scale），默认值是[1, 1]，表示方式为[横向缩放的倍数，纵向缩放的倍数]。在旋转和缩放中，origin 用于指定旋转和缩放的中心点，默认值是[0, 0]。注意：标准的 2D 变换中设定的坐标，都是相对于图形元素的父元素（即 group 元素或者顶层画布）的[0, 0]点。也就是说，可以使用 group 来组织多个图形元素，还可以嵌套 group。对于一个图形元素，变换执行的顺序是：先缩放（scale），再旋转（rotation），最后平移（position）。

series-custom.renderItem.return_path.Style：用于设置图形元素的样式，注意，这里图形元素的样式属性名称直接源于 zrender。和 echarts.label、echarts.itemStyle 等处同样含义的样式属性名称有所不同，对应关系为：itemStyle.color 对应于 style.fill、itemStyle.borderColor 对应于 style.stroke、label.color 对应于 style.textFill、label.textBorderColor 对应于 style.textStroke。

series-custom.renderItem.return_group.Children：表示子节点列表，其中的项都定义了一个图形元素。

以上参数的具体设置如程序代码 11-14 所示。

程序代码 11-14　设置图标和日历格子的样式

```
function renderItem(params, api) {
    var cellPoint = api.coord(api.value(0));
    var cellWidth = params.coordSys.cellWidth;
    var cellHeight = params.coordSys.cellHeight;
    var value = api.value(1);
    var events = value;
    if (isNaN(cellPoint[0]) || isNaN(cellPoint[1])) {
        return;
    }
    var group = {
        type: 'group',
        children: echarts.util.map(layouts[events.length - 1], function (itemLayout, index) {
            return {
                type: 'path',
                shape: {
```

```
                pathData: pathes[events[index]],
                x: -8,
                y: -8,
                width: 16,
                height: 16
            },
            position: [
                cellPoint[0] + echarts.number.linearMap(itemLayout[0], [-0.5, 0.5], [-cellWidth / 2,
                    cellWidth / 2]),
                cellPoint[1] + echarts.number.linearMap(itemLayout[1], [-0.5, 0.5], [-cellHeight / 2 +
                    20, cellHeight / 2])
            ],
            style: api.style({
                fill: colors[events[index]]
            })
        };
    }) || []
};
group.children.push({
    type: 'text',
    style: {
        x: cellPoint[0],
        y: cellPoint[1] - cellHeight / 2 + 15,
        text: echarts.format.formatTime('dd', api.value(0)),
        fill: '#777',
        textFont: api.font({fontSize: 14})
    }
});
return group;
}
```

（8）设置 ECharts 中的参数。相关参数说明如下：

calendar.dayLabel：用于设置日历坐标中星期轴的样式。

calendar.dayLabel.firstDay：用于设置一周从周几开始，默认为从周日开始。

calendar.dayLabel.nameMap：用于设置星期的显示效果，默认为 en，可设置为中文或英文，以及自定义效果，下标 0 对应于星期天的文字显示。

calendar.monthLabel：用于设置日历坐标中月份轴的样式。

以上参数的具体设置如程序代码 11-15 所示。

程序代码 11-15　设置 ECharts 中的参数

```
option = {
    tooltip: {
    },
    calendar: [{
        left: 'center',
        top: 'middle',
```

```
            cellSize: [50, 50],
            yearLabel: {show: false},
            orient: 'vertical',
            dayLabel: {
                firstDay: 1,
                nameMap: 'cn'
            },
            monthLabel: {
                show: false
            },
            range: '2020-03'
        }],
    };
```

11.5 旭日图

旭日图（Sunburst）是由多层的环形图组成的，在数据结构上，内层是外层的父节点。旭日图既能像饼图一样表现局部和整体的占比，又能像矩形树图一样表现层级关系。

旭日图的实现步骤如下：

（1）在 11.3 节的基础上，本节的后台 REST 服务重新定义新类和新成员，并在构造函数中实例化新成员，如程序代码 11-16 所示。

程序代码 11-16　定义新类和新成员，并在构造函数中实例化新成员

```
[DataContract]
public class Sunburst_DataStruct
{
    [DataMember]
    public List<double> DataList_Confirmed_Province { get; set; }
    [DataMember]
    public List<double> DataList_Confirmed_City { get; set; }
    [DataMember]
    public List<string> ProvinceNameList { get; set; }
    [DataMember]
    public List<string> CityNameList { get; set; }
    public Sunburst_DataStruct()
    {
        DataList_Confirmed_Province = new List<double>();
        DataList_Confirmed_City = new List<double>();
        ProvinceNameList = new List<string>();
        CityNameList = new List<string>();
    }
}
```

（2）访问文件 Province_3_confirmed、City_3_confirmed，如程序代码 11-17 所示。

程序代码 11-17　访问文件

```
string path = @"..\..\..\..\data_shp";
IFeatureWorkspace pFeatWS = pWorkspaceFactory.OpenFromFile(path, 0) as IFeatureWorkspace;
string[] layers = new string[2] { "Province_3_confirmed", "City_3_confirmed" };
for (int n = 0; n < layers.Length; n++)
{
    IFeatureClass pFeatureClass = pFeatWS.OpenFeatureClass(layers[n]);
```

（3）获取 3 个省的省名和省会名，及某一天的各省及省会的总计确诊人数，如程序代码 11-18 所示。

程序代码 11-18　读取数据

```
for (int i = 0; i < fields.FieldCount; i++)
{
    if (fields.get_Field(i).Name == "NAME")
    {
        sunburst_DataStruct.ProvinceNameList.Add(pFeature.get_Value(i).ToString());
    }
    if (fields.get_Field(i).Name == "Name")
    {
        sunburst_DataStruct.CityNameList.Add(pFeature.get_Value(i).ToString());
    }
    if (fields.get_Field(i).Name == "T20200407")
    {
        if (n == 0)
        {
            sunburst_DataStruct.DataList_Confirmed_Province.Add(Math.Abs(Convert.ToDouble(pFeature.get_Value(i).ToString())));
        }
        else
        {
            sunburst_DataStruct.DataList_Confirmed_City.Add(Math.Abs(Convert.ToDouble(pFeature.get_Value(i).ToString())));
        }
    }
}
```

（4）在设置 ECharts 中的参数之前，先定义数据，如程序代码 11-19 所示。

程序代码 11-19　定义数据

```
var data_province=res.DataList_Confirmed_Province;
var data_city=res.DataList_Confirmed_City;
var data_provinceName=res.ProvinceNameList;
var data_cityName=res.CityNameList;
```

（5）设置 ECharts.option.series 中的相关参数。相关参数说明如下：

sunburst.radius：表示旭日图的半径，该参数的可选值包括：number，直接指定外半径值；string，如"20%"表示外半径为可视区尺寸（容器高宽中较小一项）的 20%；Array.<number|string>，

数组的第一项是内半径,第二项是外半径。

sunburst.sort:表示扇形块根据数据 value 的排序方式,如果未指定 value,则其值为子元素 value 之和。该参数的默认值为 desc,表示降序排序。该参数还可以设置为:asc,表示升序排序;null,表示不排序,使用原始数据的顺序;使用回调函数进行排列,如"function(nodeA, nodeB){return nodeA.getValue() - nodeB.getValue();}"。

sunburst.highlightPolicy:当鼠标光标移动到一个扇形块时,可以高亮显示相关的扇形块。如果该参数的值为 descendant,则会高亮显示该扇形块及其后代元素,其他元素将被淡化;如果该参数的值为 ancestor,则会高亮显示该扇形块及其祖先元素;如果该参数的值为 self,则只高亮显示自身;如果该参数的值为 none,则不会淡化其他元素。

sunburst.data:表示旭日图的数据格式是树状的。

sunburst.data.name:显示在扇形块中的描述文字,即父元素的名称。

sunburst.data.value:当不指定父元素的 value 时,父元素的值为子元素之和;如果指定父元素的 value,并且 value 大于子元素之和,则表示还有其他子元素未显示。

sunburst.data.children:表示子节点,其中 name 和 value 的格式同父元素中 name 和 value 的格式一致。

以上参数的具体设置如程序代码 11-20 所示。

程序代码 11-20　设置 ECharts 中的部分参数

```
option = {
    silent: true,
    series: {
        radius: ['15%', '80%'],
        type: 'sunburst',
        sort: null,
        highlightPolicy: 'ancestor',
        data: [{
            name:data_provinceName[0],
            value:data_province[0],
            children:
            [{
                value:data_province[1],
                name:data_cityName[1]
            }]
        },{
            name:data_provinceName[1],
            value:data_province[1],
            children:
            [{
                value:data_city[2],
                name:data_cityName[2]
            }]
        },{
            name:data_provinceName[2],
            value:data_province[2],
```

```
            children:
            [{
                value:data_city[0],
                name:data_cityName[0]
            }]
        }],
```

（6）设置 ECharts.option.series.levels 中的参数，其中，levels.label.rotate 表示标签的旋转角度，如果是 number 类型，则表示标签的旋转角度为-90°～90°，正值表示逆时针旋转。除此之外，该参数还可以是：radial，表示径向旋转；tangential，表示切向旋转。默认的旋转方式是径向旋转，如果不需要文字旋转，则可以将该参数设为 0。levels 中的参数设置如程序代码 11-21 所示。

程序代码 11-21　levels 中的参数设置

```
levels: [{},
{
    itemStyle: {
        color: 'orange'
    },
    label: {
        rotate: 'tangential'
    }
},
{
    itemStyle: {
        color: 'yellow'
    },
    label: {
        rotate: 0
    }
}]
```

11.6 漏斗图

漏斗图又称为倒三角图，漏斗图可将数据呈现为几个阶段，每个阶段的数据都是整体的一部分，从一个阶段到另一个阶段数据自上而下逐渐下降，所有阶段的占比总计 100%。与饼图一样，漏斗图呈现的也不是具体的数据，而是该数据相对于整体的占比，漏斗图不需要使用任何数据轴。

漏斗图的实现步骤如下：

（1）在 11.5 节的基础上，本节在后台 REST 服务重新定义新类和新成员，并在构造函数中实例化新成员，如程序代码 11-22 所示。

程序代码 11-22　定义新类和新成员，并在构造函数中实例化新成员

```
[DataContract]
```

```csharp
public class Gauge_DataStruct
{
    [DataMember]
    public List<MainProvinceFunnelData> mainProvinceFunnelData1List;
    [DataMember]
    public List<double> DataList_Confirmed { get; set; }
    [DataMember]
    public List<double> DataList_Death { get; set; }
    [DataMember]
    public List<double> FunnelData1List { get; set; }
    [DataMember]
    public List<double> DataList_Confirmed_Funnel { get; set; }
    [DataMember]
    public List<string> DateList { get; set; }
    public Gauge_DataStruct()
    {
        mainProvinceFunnelData1List = new List<MainProvinceFunnelData>();
        DataList_Confirmed = new List<double>();
        DataList_Death = new List<double>();
        FunnelData1List = new List<double>();
        DataList_Confirmed_Funnel = new List<double>();
        ProvinceNameList = new List<string>();
        DateList = new List<string>();
    }
}
[DataContract]
public class MainProvinceFunnelData
{
    [DataMember]
    public string name { get; set; }
    [DataMember]
    public double value { get; set; }
}
```

（2）获取数据，并将其放入相应的列表中，如程序代码 11-23 所示。

程序代码 11-23　获取数据

```csharp
if (fields.get_Field(i).Name.Substring(0,1) == "T")
{
    if (n == 2)
    {
        gauge_DataStruct.DataList_Confirmed_Funnel.Add(Math.Abs(Convert.ToDouble(pFeature.get_Value(i).ToString())));
    }
}
```

（3）将获取到的数据设置为 ECharts 中的数据格式，如程序代码 11-24 所示。

程序代码 11-24　设置数据形式

```
    double confirmed_funnel = 0;
    for (int i = gauge_DataStruct.DataList_Confirmed_Funnel.Count - 5; i < gauge_DataStruct.DataList_Confirmed_Funnel.Count; i++)
    {
        confirmed_funnel += gauge_DataStruct.DataList_Confirmed_Funnel[i];
    }
    gauge_DataStruct.DateList = gauge_DataStruct.DateList.GetRange(gauge_DataStruct.DataList_Confirmed_Funnel.Count - 5, 5);
    gauge_DataStruct.FunnelData1List = gauge_DataStruct.DataList_Confirmed_Funnel.GetRange(gauge_DataStruct.DataList_Confirmed_Funnel.Count - 5, 5);
    for (int i = 0; i < 5; i++)
    {
        gauge_DataStruct.mainProvinceFunnelData1List.Add(new MainProvinceFunnelData() { name = gauge_DataStruct.DateList[i], value = Math.Round(gauge_DataStruct.FunnelData1List[i] / confirmed_funnel, 2) * 100 });
    }
```

（4）设置 ECharts 中的相关参数。相关参数如下：

series.height：表示漏斗图的高度，默认为自适应高度。

series.minSize：表示数据最小值 min 映射的宽度，该参数既可以是绝对的像素值，也可以是相对布局宽度的百分比。如果需要最小值的图形并不是尖端三角，可通过设置该参数来实现。

series.maxSize：表示数据最大值 max 映射的宽度，该参数既可以是绝对的像素值，也可以是相对布局宽度的百分比。

series.sort：表示数据排序，该参数的取值包括 ascending、descending、none（表示按 data 顺序）、一个函数（即 Array.prototype.sort(function (a, b) { ... })）。

series.gap：表示数据图形间距。

以上参数的具体设置如程序代码 11-25 所示。

程序代码 11-25　设置 ECharts 中的参数

```
series: [
    {
        name:'漏斗图',
        type:'funnel',
        left: '10%',
        top: 60,
        bottom: 60,
        width: '80%',
        //height: {totalHeight} - y - y2,
        min: 0,
        max:30,
        minSize: '0%',
        maxSize: '100%',
        sort: 'descending',
        gap: 2,
```

11.7 仪表盘

仪表盘的实现步骤如下：

（1）在 11.6 节的基础上，本节在后台 REST 服务重新定义新类和新成员，并在构造函数中实例化新成员，如程序代码 11-26 所示。

程序代码 11-26　定义新类和新成员，并在构造函数中实例化新成员

```
[DataContract]
public class Gauge_DataStruct
{
    [DataMember]
    public List<MainProvinceGaugeData> mainProvinceGaugeData1List;
    [DataMember]
    public List<double> DataList_Confirmed { get; set; }
    [DataMember]
    public List<double> DataList_Death { get; set; }
    [DataMember]
    public List<string> ProvinceNameList { get; set; }
    public Gauge_DataStruct()
    {
        mainProvinceGaugeData1List = new List<MainProvinceGaugeData>();
        DataList_Confirmed = new List<double>();
        DataList_Death = new List<double>();
        ProvinceNameList = new List<string>();
    }
}
[DataContract]
public class MainProvinceGaugeData
{
    [DataMember]
    public string name { get; set; }
    [DataMember]
    public double value { get; set; }
}
```

（2）获取数据，并将其放入相应的列表中，如程序代码 11-27 所示。

程序代码 11-27　获取数据

```
if (fields.get_Field(i).Name == "T20200302")
{
    if (n == 0)
    {
        gauge_DataStruct.DataList_Confirmed.Add(Math.Abs(Convert.ToDouble(pFeature.get_Value(i).ToString())));
```

```
        }
        if (n==1)
        {
            gauge_DataStruct.DataList_Death.Add(Math.Abs(Convert.ToDouble(pFeature.get_Value(i).ToString())));
        }
    }
```

(3)将获取到的数据设置为 ECharts 中的数据格式,如程序代码 11-28 所示。

程序代码 11-28 设置数据形式

```
double confirmedNum = 0;
double deathNum = 0;
for (int i = 0; i < 5; i++)
{
    confirmedNum += gauge_DataStruct.DataList_Confirmed[i];
    deathNum += gauge_DataStruct.DataList_Death[i];
}
gauge_DataStruct.mainProvinceGaugeData1List.Add(new MainProvinceGaugeData() { value = Math.Round(deathNum / confirmedNum, 2)*100, name = "死亡率" });
```

(4)设置 ECharts 中的相关参数。相关参数如下:

series.name:表示系列名称,用于 tooltip 的显示,以及 legend 的图例筛选。在 setOption 更新数据和配置项时,该参数可用于指定对应的系列。

series.type:当该参数的取值为 gauge 时,指的是仪表盘。

series.detail:表示仪表盘详情,用于显示数据。

以上参数的具体设置如程序代码 11-29 所示。

程序代码 11-29 设置 ECharts 中的参数

```
series: [
    {
        name: '死亡指标',
        type: 'gauge',
        detail: {formatter: '{value}%'},
        data: res.mainProvinceGaugeData1List
    }
]
```

11.8 图标柱状图

图标柱状图是可以设置各种图形元素(如图片、SVGPathData 等)的柱状图,通常用在信息图中,或者用于至少有一个类目轴或时间轴的直角坐标系中。

(1)在 11.6 节的基础上,本节在后台 REST 服务重新定义新类和新成员,并在构造函数中实例化新成员,如程序代码 11-30 所示。

程序代码 11-30　定义新类和新成员，并在构造函数中实例化新成员

```
[DataContract]
public class Gauge_DataStruct
{
    [DataMember]
    public List<MainProvincePictorialBarData> mainProvincePictorialBarData1List;
    [DataMember]
    public List<double> DataList_Confirmed { get; set; }
    [DataMember]
    public List<double> PictorialBarList { get; set; }
    [DataMember]
    public List<string> ProvinceNameList { get; set; }
    [DataMember]
    public List<string> ProvinceNameList_Pictorial { get; set; }
    public Gauge_DataStruct()
    {
        mainProvincePictorialBarData1List = new List<MainProvincePictorialBarData>();
        DataList_Confirmed = new List<double>();
        PictorialBarList = new List<double>();
        ProvinceNameList = new List<string>();
        ProvinceNameList_Pictorial = new List<string>();
    }
}
[DataContract]
public class MainProvincePictorialBarData
{
    [DataMember]
    public double value { get; set; }
    [DataMember]
    public ArrayList symbolSize { get; set; }
    public MainProvincePictorialBarData()
    {
        symbolSize = new ArrayList();
    }
}
```

（2）获取数据，并将其放入相应列表中，如程序代码 11-31 所示。

程序代码 11-31　获取数据

```
if (fields.get_Field(i).Name == "T20200302")
{
    if (n == 0)
    {
        gauge_DataStruct.DataList_Confirmed.Add(Math.Abs(Convert.ToDouble(pFeature.get_Value(i).ToString())));
    }
}
```

(3)将获取到的数据设置为 ECharts 中的数据格式，如程序代码 11-32 所示。

程序代码 11-32　设置数据形式

```
gauge_DataStruct.ProvinceNameList_Pictorial = gauge_DataStruct.ProvinceNameList.GetRange(3,6);
gauge_DataStruct.PictorialBarList = gauge_DataStruct.DataList_Confirmed.GetRange(3, 6);
for (int i = 0; i < 6; i++)
{
    gauge_DataStruct.mainProvincePictorialBarData1List.Add(new MainProvincePictorialBarData()
    { symbolSize = { 30, 30 }, value = gauge_DataStruct.PictorialBarList[i] });
}
```

第12章 新冠肺炎疫情大数据分析系统

本章将带领大家实战开发新冠肺炎疫情大数据分析系统，将从需求分析、系统设计和功能实现三个方面进行讲解。

12.1 需求分析

新冠肺炎疫情对人们的生活产生了巨大的影响，在全民抗击疫情的同时，众多专家和学者纷纷对疫情进行了研究。目前，将疫情数据与地图结合起来进行研究已经成为大势所趋，因此本书在最后一章将新冠肺炎疫情数据和 GIS 进行有效的结合，进而开发一款 WebGIS 系统——新冠肺炎疫情大数据分析系统，该系统的研究区域是全球、全国和湖北省，研究数据主要为 2019 年 12 月 31 日至 2020 年 3 月 2 日期间全球各地区、中国各省级行政区和湖北省各地级市的确诊人数、死亡人数和康复人数。该系统不仅能够帮助读者巩固知识，还能够使读者对疫情的整体发展规律有一个初步的了解与判断。

12.2 系统设计

12.2.1 开发环境

本系统包括前端和后台两个部分，后台主要是使用 C#语言在 Visual Studio2012 编辑器上进行开发的，首先调用 ArcGIS 10.2 平台提供的 ArcGIS Object 类库来完成对矢量数据的查询和处理；然后通过 WCF 实现后台 REST 服务，供前端调用。前端主要是使用 HTML、CSS、JavaScript 等语言在 Visual Studio Code 编辑器上进行开发的，主要调用了 OpenLayers、jQuery 和 ECharts 等对前端的数据进行渲染。

12.2.2 数据结构设计

本系统所涉及的数据分为空间数据和属性数据。空间数据是天地图提供的地形晕渲地图、全球各地区的点矢量数据、中国各省级行政区的点矢量数据和湖北省各地级市的点矢量数据；属性数据共 9 张表格，分别为全球各地区在 2019 年 12 月 31 日至 2020 年 3 月 2 日的确诊人数、死亡人数和康复人数数据，中国各省级行政区在 2019 年 12 月 31 日至 2020 年 3 月 2 日的确诊人数、死亡人数和康复人数数据，湖北省各地级市的 2019 年 12 月 31 日至 2020 年 3 月 2 日的确诊人数、死亡人数和康复人数数据。数据表结构分别如表 12-1 到表 12-9 所示。

表 12-1 全球各地区确诊人数的数据结构

字 段 名	数 据 类 型	说　　明
OBJECTID	整型	全球各地区的 ID
T20191231	整型	2019 年 12 月 31 日全球各地区确诊人数
T20200101	整型	2020 年 1 月 1 日全球各地区确诊人数
T20200102	整型	2020 年 1 月 2 日全球各地区确诊人数
…	…	…
T20200312	整型	2020 年 3 月 2 日全球各地区确诊人数

表 12-2 全球各地区死亡人数的数据结构

字 段 名	数 据 类 型	说　　明
OBJECTID	整型	全球各地区的 ID
T20191231	整型	2019 年 12 月 31 日全球各地区死亡人数
T20200101	整型	2020 年 1 月 1 日全球各地区死亡人数
T20200102	整型	2020 年 1 月 2 日全球各地区死亡人数
…	…	…
T20200312	整型	2020 年 3 月 2 日全球各地区死亡人数

表 12-3 全球各地区康复人数的数据结构

字 段 名	数 据 类 型	说　　明
OBJECTID	整型	全球各地区的 ID
T20191231	整型	2019 年 12 月 31 日全球各地区康复人数
T20200101	整型	2020 年 1 月 1 日全球各地区康复人数
T20200102	整型	2020 年 1 月 2 日全球各地区康复人数
…	…	…
T20200312	整型	2020 年 3 月 2 日全球各地区康复人数

表 12-4 中国各省级行政区确诊人数的数据结构

字 段 名	数 据 类 型	说　　明
OBJECTID	整型	中国各省级行政区的 ID
T20191231	整型	2019 年 12 月 31 日中国各省级行政区确诊人数
T20200101	整型	2020 年 1 月 1 日中国各省级行政区确诊人数

续表

字 段 名	数 据 类 型	说　　　明
T20200102	整型	2020 年 1 月 2 日中国各省级行政区确诊人数
…	…	…
T20200312	整型	2020 年 3 月 2 日中国各省级行政区确诊人数

表 12-5　中国各省级行政区死亡人数的数据结构

字 段 名	数 据 类 型	说　　　明
OBJECTID	整型	中国各省级行政区的 ID
T20191231	整型	2019 年 12 月 31 日中国各省级行政区死亡人数
T20200101	整型	2020 年 1 月 1 日中国各省级行政区死亡人数
T20200102	整型	2020 年 1 月 2 日中国各省级行政区死亡人数
…	…	…
T20200312	整型	2020 年 3 月 2 日中国各省级行政区死亡人数

表 12-6　中国各省级行政区康复人数的数据结构

字 段 名	数 据 类 型	说　　　明
OBJECTID	整型	中国各省级行政区的 ID
T20191231	整型	2019 年 12 月 31 日中国各省级行政区康复人数
T20200101	整型	2020 年 1 月 1 日中国各省级行政区康复人数
T20200102	整型	2020 年 1 月 2 日中国各省级行政区康复人数
…	…	…
T20200312	整型	2020 年 3 月 2 日中国各省级行政区康复人数

表 12-7　湖北省各地级市确诊人数的数据结构

字 段 名	数 据 类 型	说　　　明
OBJECTID	整型	湖北省各地级市的 ID
T20191231	整型	2019 年 12 月 31 日湖北省各地级市确诊人数
T20200101	整型	2020 年 1 月 1 日湖北省各地级市确诊人数
T20200102	整型	2020 年 1 月 2 日湖北省各地级市确诊人数
…	…	…
T20200312	整型	2020 年 3 月 2 日湖北省各地级市确诊人数

表 12-8　湖北省各地级市死亡人数的数据结构

字 段 名	数 据 类 型	说　　　明
OBJECTID	整型	湖北省各地级市的 ID
T20191231	整型	2019 年 12 月 31 日湖北省各地级市死亡人数
T20200101	整型	2020 年 1 月 1 日湖北省各地级市死亡人数

续表

字 段 名	数 据 类 型	说　　　明
T20200102	整型	2020年1月2日湖北省各地级市死亡人数
…	…	…
T20200312	整型	2020年3月2日湖北省各地级市死亡人数

表12-9　湖北省各地级市康复人数的数据结构

字 段 名	数 据 类 型	说　　　明
OBJECTID	整型	湖北省各地级市的ID
T20191231	整型	2019年12月31日湖北省各地级市康复人数
T20200101	整型	2020年1月1日湖北省各地级市康复人数
T20200102	整型	2020年1月2日湖北省各地级市康复人数
…	…	…
T20200312	整型	2020年3月2日湖北省各地级市康复人数

12.2.3　系统功能设计

本系统的功能主要分为全球、中国、湖北省三个研究区域的选项卡切换，以及各个研究区域的确诊人数、死亡人数和康复人数的选项卡切换。单击每个研究区域的选项卡，地图视角和界面中的图表都会随之变化。单击某个研究区域的疫情类型选项卡，地图上的标注会随之改变。系统功能设计如图12-1所示。

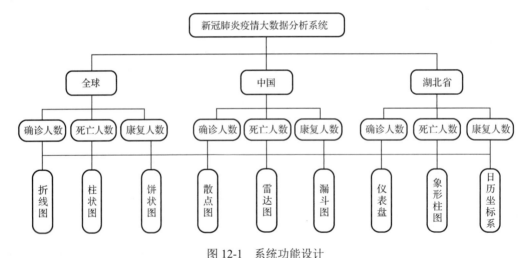

图12-1　系统功能设计

12.3　功能实现

本系统一共有三个研究区域，分别为全球、中国和湖北省，各个研究区域的空间尺度分别为国家、省级行政区和地级市。三个研究区域分别渲染出三个不同的网页，除了数据不同，它们实现的机制是完全相同的，本节以全球这个研究区域进行讲解，其余两个研究区域与其类似。

本节首先讲解后台 REST 服务的实现，然后讲解前端框架搭建，最后前端数据渲染。

12.3.1 后台 REST 服务的实现

12.3.1.1 WCF 实现后台 REST 服务

本系统的 WCF 是通过控制台应用程序来搭建的。首先需要在 Visual Studio 中创建控制台应用程序，然后在控制台应用程序中添加两个类和一个接口。本系统添加的一个类为 DataStruct，用于封装自己所需的数据结构；另一个类为 DataQueryFun，用于实现矢量数据的查询和处理。本系统添加的接口命 IDataQuery，用于调用 DataQueryFun 中的方法和实现后台 REST 服务。WCF 服务的创建如图 12-2 所示。

图 12-2　WCF 服务的创建

在项目中添加 3 个引用，分别为 System.Runtime.Serialization、System.ServiceModel 和 System.ServiceModel.Web，如图 12-3 所示。

（1）编写 DataStruct.cs 文件。在 DataStruct.cs 文件中定义数据结构，本系统定义了一个含有 name 和 age 属性的类，代码如下所示。

```
using System;
using System.Collections.Generic;
using System.Linq;
using System.Text;
```

```
using System.Threading.Tasks;
using System.Runtime.Serialization;
namespace DEMO
{
    [DataContract]
    class DataStruct
    {
        [DataMember]
        public string name { get; set; }
        [DataMember]
        public int age { get; set; }
    }
}
```

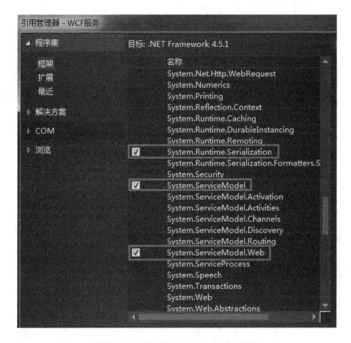

图 12-3　在项目中添加 3 个引用

（2）编写 DataQueryFun.cs 文件。在 DataQueryFun.cs 文件中定义一个 GetData 方法，代码如下所示。

```
using System;
using System.Collections.Generic;
using System.Linq;
using System.Text;
using System.Threading.Tasks;
using System.ServiceModel.Web;
using System.ServiceModel;
using System.ServiceModel.Activation;
namespace DEMO
```

```
{
    [ServiceBehavior(InstanceContextMode = InstanceContextMode.Single, ConcurrencyMode =
                ConcurrencyMode.Single, IncludeExceptionDetailInFaults = true)]
    [AspNetCompatibilityRequirements(RequirementsMode =
                AspNetCompatibilityRequirementsMode.Allowed)]
    class DataQueryFun:IDataQuery
    {
        public DataStruct GetData()
        {
            DataStruct test=new DataStruct(){name="张三",age=20};
            return test;
        }
    }
}
```

（3）编写 IDataQuery.cs 文件。在 IDataQuery.cs 文件中声明 GetData 方法，代码如下所示。

```
using System;
using System.Collections.Generic;
using System.Linq;
using System.Text;
using System;
using System.Collections.Generic;
using System.Linq;
using System.ServiceModel;
using System.ServiceModel.Web;
using System.Text;
using System.Threading.Tasks;
namespace DEMO
{
    [ServiceContract(Name = "DataQueryFunService")]
    interface IDataQuery
    {
        [OperationContract]
        [WebGet(UriTemplate = "GetData",
            BodyStyle = WebMessageBodyStyle.Bare,
            RequestFormat = WebMessageFormat.Json,
            ResponseFormat = WebMessageFormat.Json)]
        DataStruct GetData();
    }
}
```

（4）编写 Program.cs 文件。在 Program.cs 文件中编写宿主程序，代码如下所示。

```
using System;
using System.Collections.Generic;
using System.Linq;
using System.Text;
```

```
using System.Threading.Tasks;
using System.ServiceModel.Web;
namespace DEMO
{
    class Program
    {
        static void Main(string[] args)
        {
            try
            {
                DataQueryFun service = new DataQueryFun();
                Uri baseAddress = new Uri("http://127.0.0.1:7790/");
                WebServiceHost _serviceHost = new WebServiceHost(service, baseAddress);
                _serviceHost.Open();
                Console.WriteLine("Web 服务已开启...");
                Console.WriteLine("输入任意键关闭程序！");
                Console.ReadKey();
                _serviceHost.Close();
            }
            catch (Exception ex)
            {
                Console.WriteLine("Web 服务开启失败：{0}\r\n{1}", ex.Message, ex.StackTrace);
                Console.ReadLine();
            }
        }
    }
}
```

在浏览器中输入"127.0.0.1:7790/GetData"，网页会渲染出{"age":20,"name":"张三"}。网页渲染效果如图 12-4 所示。

图 12-4　网页渲染效果

12.3.1.2　后台 REST 服务开发环境配置

本系统需要读取 9 个矢量文件，分别是全球各地区、中国各省级行政区和湖北省各地级市的确诊人数数据、死亡人数数据和康复人数数据。本节只讲解全球各地区的确诊人数数据、死亡人数数据和康复人数数据这 3 个矢量文件。

（1）添加有关 ESRI 类库的引用。当使用 WCF 实现后台 REST 服务后，还需要调用 ArcGIS Object 类库来对矢量数据进行查询和处理。首先需要安装 ArcGIS 10.2；然后在 ArcGIS 10.2 安装包的根目录中打开 SDK_dotnet 文件夹，双击 setup.exe 应用程序进行类库的安装；接着

第 12 章 新冠肺炎疫情大数据分析系统

在安装完成后找到 ArcGIS 的安装路径，按照 ArcGIS→Desktop10.2→bin 路径找到所有以 ESRI.开头的 dll 文件，将其复制到 DEMO 文件夹下的 bin→Debug 中；最后在 DEMO 项目中将以 ESRI.开头的 dll 文件添加到引用中。在项目中添加 ESRI 引用如图 12-5 所示。

图 12-5　在项目中添加 ESRI 引用

（2）在 COM 中添加 ESRI.ArcGIS.Geodatabase、ESRI.ArcGIS.DataSourcesFile、ESRI.ArcGIS.esriSystem 引用。在 COM 中添加 ESRI 引用如图 12-6 所示。

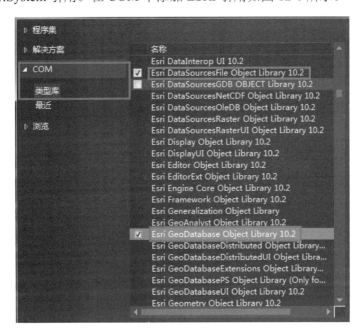

图 12-6　在 COM 中添加 ESRI 引用

（3）在工程中选择所有与 ESRI 相关的引用，右键单击"属性"，将"嵌入互操作类型"改为"False"。修改 ESRI 引用的属性如图 12-7 所示。

图 12-7　修改 ESRI 引用的属性

（4）为了给 ArcGIS Object 注册许可，需要添加一个类文件，并命名为 InitializePlatform，将以下代码复制到该文件中。

```csharp
using System;
using System.Collections.Generic;
using System.Linq;
using System.Text;
using ESRI.ArcGIS.esriSystem;
namespace DEMO
{
    public class InitializePlatform
    {
        public static IAoInitialize m_pAoInitialize;
        public static Boolean InitializeApplication(out string strMsg)
        {
            ESRI.ArcGIS.RuntimeManager.Bind(ESRI.ArcGIS.ProductCode.Desktop);
            Boolean bInitialized = true;
            strMsg = "";
            if (m_pAoInitialize == null)
                m_pAoInitialize = new AoInitialize();
```

```
        if (m_pAoInitialize == null)
        {
            strMsg = "无法初始化 ArcGIS！请检查 ArcGIS (Desktop,
                                    Engine or Server) 是否安装？";
            bInitialized = false;
        }
        esriLicenseStatus licenseStatus;
        licenseStatus = esriLicenseStatus.esriLicenseUnavailable;
        licenseStatus = CheckOutLicenses(
                        esriLicenseProductCode.esriLicenseProductCodeAdvanced);
        if (licenseStatus == esriLicenseStatus.esriLicenseCheckedOut)
            return bInitialized;
        licenseStatus = CheckOutLicenses(esriLicenseProductCode.esriLicenseProductCodeStandard);
        if (licenseStatus == esriLicenseStatus.esriLicenseCheckedOut)
            return bInitialized;
        licenseStatus = CheckOutLicenses(
                        esriLicenseProductCode.esriLicenseProductCodeEngineGeoDB);
        if (licenseStatus == esriLicenseStatus.esriLicenseCheckedOut)
            return bInitialized;
        licenseStatus = CheckOutLicenses(esriLicenseProductCode.esriLicenseProductCodeEngine);
        if (licenseStatus == esriLicenseStatus.esriLicenseCheckedOut)
            return bInitialized;
        licenseStatus = CheckOutLicenses(
                        esriLicenseProductCode.esriLicenseProductCodeArcServer);
        if (licenseStatus != esriLicenseStatus.esriLicenseCheckedOut)
        {
            strMsg = LicenseMessage(licenseStatus);
            bInitialized = false;
        }
        return bInitialized;
}
//<summary>
//关闭许可
//</summary>
public static void ShutdownApplication()
{
    try
    {
        if (m_pAoInitialize == null)
            return;
        m_pAoInitialize.Shutdown();
        m_pAoInitialize = null;
    }
    catch
    {
        //不做任何处理
    }
```

```csharp
        }
        private static esriLicenseStatus CheckOutLicenses(esriLicenseProductCode productCode)
        {
            esriLicenseStatus licenseStatus;
            // 'Determine if the product is available
            licenseStatus = m_pAoInitialize.IsProductCodeAvailable(productCode);
            if (licenseStatus == ESRI.ArcGIS.esriSystem.esriLicenseStatus.esriLicenseAvailable)
            {
                licenseStatus = m_pAoInitialize.Initialize(productCode);
                if (licenseStatus == ESRI.ArcGIS.esriSystem.esriLicenseStatus.esriLicenseCheckedOut)
                {
                    //转换数据格式
                    esriLicenseStatus licenseStatusExt =
                        m_pAoInitialize.IsExtensionCodeAvailable(productCode,
                        esriLicenseExtensionCode.esriLicenseExtensionCodeDataInteroperability);
                    if (licenseStatusExt == esriLicenseStatus.esriLicenseAvailable)
                    {
                        licenseStatusExt = m_pAoInitialize.CheckOutExtension(
                        esriLicenseExtensionCode.esriLicenseExtensionCodeDataInteroperability);
                    }
                    //添加 3DAnalyst 扩展模块
                    licenseStatusExt = m_pAoInitialize.IsExtensionCodeAvailable(
                       productCode, esriLicenseExtensionCode.esriLicenseExtensionCode3DAnalyst);
                    if (licenseStatusExt == esriLicenseStatus.esriLicenseAvailable)
                    {
                        licenseStatusExt = m_pAoInitialize.CheckOutExtension(
                            esriLicenseExtensionCode.esriLicenseExtensionCode3DAnalyst);
                    }
                }
            }
            return licenseStatus;
        }
        private static string LicenseMessage(esriLicenseStatus licenseStatus)
        {
            if (licenseStatus == ESRI.ArcGIS.esriSystem.esriLicenseStatus.esriLicenseNotLicensed)
                return "没有许可运行程序!";
            else if (licenseStatus == ESRI.ArcGIS.esriSystem.esriLicenseStatus.esriLicenseUnavailable)
                return "许可的权限不足!";
            else if (licenseStatus == ESRI.ArcGIS.esriSystem.esriLicenseStatus.esriLicenseFailure)
                return "检查许可时,无法预知的错误! ";
            else if (licenseStatus ==
                        ESRI.ArcGIS.esriSystem.esriLicenseStatus.esriLicenseAlreadyInitialized)
                return "许可检查成功,请检查另外的程序! ";
            return "未知的检查结果! ";
        }
    }
}
```

（5）为了解决跨域问题，需要创建一个类文件，并命名为 ResponseMsgFactory，将以下代码复制到该文件中。

```
using System;
using System.ServiceModel.Channels;
using System.ServiceModel.Web;
using System.IO;
using System.Text;
namespace DEMO
{
    public sealed class ResponseMsgFactory
    {
        public static Message ProcessHttpOPTIONS(WebOperationContext context)
        {
            if (context.IncomingRequest.Method.Equals("OPTIONS",
                                    StringComparison.OrdinalIgnoreCase))
            {
                ResponseMsgFactory.AddHeaderInfos(context);
                return context.CreateJsonResponse<string>("Get Server Rule Successfully!");
            }
            else
                return null;
        }
        public static Message CreateMessageByFormat<T>(T obj, FormatType format)
        {
            Message msg = null;
            if (obj == null)
                return null;
            ResponseMsgFactory.AddHeaderInfos(WebOperationContext.Current);
            switch (format)
            {

                case FormatType.JSON:
                    WebOperationContext.Current.OutgoingResponse.ContentType =
                                            "application/json;charset=utf-8";
                    msg = WebOperationContext.Current.CreateJsonResponse<T>(obj);
                    break;
                case FormatType.JS:
                    WebOperationContext.Current.OutgoingResponse.ContentType =
                                            "application/x-javascript";
                    msg = WebOperationContext.Current.CreateTextResponse(obj.ToString());
                    break;
            }
            return msg;
        }
        private static void AddHeaderInfos(WebOperationContext context)
```

```
            {
                context.OutgoingResponse.Headers.Add("Access-Control-Allow-Origin", "*");
                context.OutgoingResponse.Headers.Add("Access-Control-Allow-Methods", "GET,
                                                    POST, OPTIONS");
                context.OutgoingResponse.Headers.Add("Access-Control-Allow-Headers",
                                   "X-Requested-With,Content-Type, Accept,Origin");
                context.OutgoingResponse.Headers.Add("Access-Control-Max-Age", "80000");
            }
        }
        public enum FormatType
        {
            XML = 0,
            JSON = 1,
            TEXT = 2,
            JS = 3,
        }
}
```

（6）查询矢量文件，对得到的数据进行处理，封装成不同数据结构供前端各种图表使用。

12.3.1.3 折线图

本节的折线图用于统计全球各地区在 2019 年 12 月 31 日到 2020 年 3 月 2 日之间的确诊人数、死亡人数和康复人数的变化趋势，因此不仅需要获取疫情类型和日期字段中表格各列之和；还需要获取表格中全球各地区的名字与各行的和，即全球各地区在 2019 年 12 月 31 日到 2020 年 3 月 2 日之间的确诊人数、死亡人数和康复人数，用于构造其他图表；也需要获取全球各地区的坐标，用于在前端将各地区以点的形式进行可视化展示。折线图的实现步骤如下：

（1）在 DataStruct.cs 文件中定义数据结构，代码如下所示。

```
//折线图
[DataContract]
public class GlobalLineData1
{
    [DataMember]
    //{get;set}表示属性可以获取和设置
    public List<string> DateList { get; set; }
    [DataMember]
    public List<string> TypeList { get; set; }
    [DataMember]
    public List<double> DataList_confirmed_column { get; set; }
    [DataMember]
    public List<double> DataList_death_column { get; set; }
    [DataMember]
    public List<double> DataList_recovered_column { get; set; }
    [DataMember]
    public List<double> DataList_confirmed_row { get; set; }
    [DataMember]
```

```csharp
        public List<double> DataList_death_row { get; set; }
        [DataMember]
        public List<double> DataList_recovered_row { get; set; }
        [DataMember]
        public List<double[]> ptCoordinateList { get; set; }
        [DataMember]
        public List<string> CountryNameList { get; set; }
        public GlobalLineData1()
        {
            DateList = new List<string>();
            TypeList = new List<string>();
            DataList_confirmed_column = new List<double>();
            DataList_death_column = new List<double>();
            DataList_recovered_column = new List<double>();
            ptCoordinateList = new List<double[]>();
            DataList_confirmed_row = new List<double>();
            DataList_death_row = new List<double>();
            DataList_recovered_row = new List<double>();
            CountryNameList = new List<string>();
        }
}
```

（2）在 DataQueryFun.cs 文件中添加以下代码。

```csharp
/*获取折线图数据*/
/*1.添加类型*/
if (echartsData.globalLineData1.TypeList.Count < 3)
{
    echartsData.globalLineData1.TypeList.Add("确诊人数");
    echartsData.globalLineData1.TypeList.Add("死亡人数");
    echartsData.globalLineData1.TypeList.Add("康复人数");
}
//定义文件名数组，遍历各个 shp 文件
string[] fileNameArr = new string[] { "world_new_confirmed", "world_new_death", "world_new_recovered" };
for (int i = 0; i < fileNameArr.Length; i++)
{
    //获取权限
    string msg = string.Empty;
    InitializePlatform.InitializeApplication(out msg);
    IWorkspaceFactory pWorkspaceFactory = new ShapefileWorkspaceFactoryClass();
    //string path = System.IO.Path.GetFullPath(@"..\..\InitializePlatform.cs");
    string path = @"..\..\..\..\data_shp";
    IFeatureWorkspace pFeatWS = pWorkspaceFactory.OpenFromFile(path, 0) as IFeatureWorkspace;
    IFeatureClass pFeatureClass = pFeatWS.OpenFeatureClass(fileNameArr[i]);
    //获取属性表的字段
    IFields fields = pFeatureClass.Fields;
    //定义一个以非 T 开头的数量变量 notDataNum
```

```csharp
            int notDataNum = 0;
//获取 X、Y 字段的索引。这里要给它们赋个值，否则在下面使用 while 遍历属性表的各行时会报错"使用了未赋值的局部变量"
            int XFieldIndex = 0, YFieldIndex = 0;
            int countryNameIndex = 0;
//遍历所有的字段，获取到 X、Y 的索引号和非 T 开头字段的数量
            for (int j = 0; j < fields.FieldCount; j++)
            {
                if (fields.get_Field(j).Name == "Region_CN")
                {
                    countryNameIndex = j;
                }
                if (fields.get_Field(j).Name == "X")
                {
                    XFieldIndex = j;
                }
                if (fields.get_Field(j).Name == "Y")
                {
                    YFieldIndex = j;
                }
                if (fields.get_Field(j).Name.Substring(0, 1) != "T")
                {
                    notDataNum++;
                }
            }
            /*2.添加日期*/
//若日期列表的长度小于属性表的日期字段数，则将各个日期字段添加进去
            if (echartsData.globalLineData1.DateList.Count < fields.FieldCount - notDataNum)
            {
                //遍历各个字段
                for (int k = notDataNum; k < fields.FieldCount; k++)
                {
                    //获取各个字段
                    IField field = fields.get_Field(k);
                    //获取各个字段的名字并将第一个字符移除
                    string fieldName = field.Name.Substring(1);
                    echartsData.globalLineData1.DateList.Add(fieldName);
                }
            }
            /*3.添加数据*/
            IQueryFilter pQueryfilter = new QueryFilterClass();
//查询所有数据
            pQueryfilter.WhereClause = "1=1";
//定义要素光标
            IFeatureCursor pFCursor = pFeatureClass.Search(pQueryfilter, false);
//读取第一个要素
            IFeature pFeature = pFCursor.NextFeature();
```

```csharp
//遍历所有的要素，将该字段所对应的所有值相加
while (pFeature != null)
{
    //表格的行数为206，添加206个字段后再次调用这个函数就不能再添加了
    if (echartsData.globalLineData1.ptCoordinateList.Count < 206)
    {
        //将坐标添加到列表中，pFeature.get_Value(XFieldIndex)是一个用 ESRI 封装的对象，所以
        //要先转换成 string 类型再转换成 double 类型
        double[] ptCoordinate = new double[2] {
            Convert.ToDouble(pFeature.get_Value(XFieldIndex).ToString()),
            Convert.ToDouble(pFeature.get_Value(YFieldIndex).ToString()) };
        echartsData.globalLineData1.ptCoordinateList.Add(ptCoordinate);
        echartsData.globalLineData1.CountryNameList.Add(pFeature.get_Value
                                        (countryNameIndex).ToString());
    }
    double rowSum_confirmed = 0;
    double rowSum_death = 0;
    double rowSum_recovered = 0;
    //从需要的数据开始遍历
    for (int j = notDataNum; j < fields.FieldCount; j++)
    {
        //若 i 为 0，则遍历的是 confirmed 文件
        if (i == 0)
        {
            //求各列的和。遍历的第一轮将第一行所有的值添加进去，再将每一行的值累加在所
            //对应的位置上
            if (echartsData.globalLineData1.DataList_confirmed_column.Count <
                            fields.FieldCount- notDataNum)
            {echartsData.globalLineData1.DataList_confirmed_column.Add(Math.Abs
                            (Convert.ToDouble(pFeature.get_Value(j).ToString())));
            }
            else
            {
                echartsData.globalLineData1.DataList_confirmed_column[j - notDataNum] +=
                        Math.Abs(Convert.ToDouble(pFeature.get_Value(j).ToString()));
            }
            //对行数据进行累加。下面遍历 death 和 recovered 文件
            rowSum_confirmed += Math.Abs(Convert.ToDouble(pFeature.get_Value(j).ToString()));
        }
        //若 i 为 1，则遍历的是 death 文件
        else if (i == 1)
        {
            if (echartsData.globalLineData1.DataList_death_column.Count < fields.FieldCount -
                                        notDataNum)
            {echartsData.globalLineData1.DataList_death_column.Add(
                Math.Abs(Convert.ToDouble(pFeature.get_Value(j).ToString())));
            }
```

```csharp
                else
                {
                    echartsData.globalLineData1.DataList_death_column[j - notDataNum] +=
                        Math.Abs(Convert.ToDouble(pFeature.get_Value(j).ToString()));
                }
                rowSum_death += Math.Abs(Convert.ToDouble(pFeature.get_Value(j).ToString()));
            }
            //若 i 为 2，则遍历的是 recovered 文件
            else
            {
                if (echartsData.globalLineData1.DataList_recovered_column.Count <
                                    fields.FieldCount - notDataNum)
                {
                    echartsData.globalLineData1.DataList_recovered_column.Add(Math.Abs(
                        Convert.ToDouble(pFeature.get_Value(j).ToString())));
                }
                else
                {
                    echartsData.globalLineData1.DataList_recovered_column[j - notDataNum] +=
                        Math.Abs(Convert.ToDouble(pFeature.get_Value(j).ToString()));
                }
                rowSum_recovered += Math.Abs(Convert.ToDouble(pFeature.get_Value(j).ToString()));
            }
        }
        //将各行之和添加到对应的列表中
        if (i == 0)
        {
            echartsData.globalLineData1.DataList_confirmed_row.Add(rowSum_confirmed);
        }
        else if (i == 1)
        {
            echartsData.globalLineData1.DataList_death_row.Add(rowSum_death);
        }
        else
        {
            echartsData.globalLineData1.DataList_recovered_row.Add(rowSum_recovered);
        }
        //读取下一个要素，否则会进入死循环
        pFeature = pFCursor.NextFeature();
    }
}
```

12.3.1.4 柱状图

本节的柱状图主要用于统计全球各地区在 2019 年 12 月 31 日到 2020 年 3 月 2 日期间确诊人数最多的前四个国家及其确诊人数，所以要获取前四个国家的名字和确诊人数。柱状图的实现步骤如下：

（1）在 DataStruct.cs 文件中定义数据结构，代码如下所示。

```csharp
[DataContract]
//柱状图
public class MainCountryBarData1
{
    [DataMember]
    public List<string> MainCountryNameList { get; set; }
    [DataMember]
    public List<double> DataList { get; set; }
    public MainCountryBarData1()
    {
        MainCountryNameList = new List<string>();
        DataList = new List<double>();
    }
}
```

（2）在 DataQueryFun.cs 文件中添加以下代码。

```csharp
/*获取柱状图所需的数据；确诊人数最多的四个国家及其确诊人数*/
List<double> globalConfirmedRowSumList = new List<double>(
                    echartsData.globalLineData1.DataList_confirmed_row.ToArray());
//获取确诊人数最多的四个国家及其确诊人数
globalConfirmedRowSumList.Sort();
globalConfirmedRowSumList.Reverse();
for (int i = 0; i < 4; i++)
{
    //获取排在前四个值的索引
    int valueIndex = echartsData.globalLineData1.DataList_confirmed_row.IndexOf(
                                    globalConfirmedRowSumList[i]);
    //将前四个值添加到相对应的列表中
    echartsData.mainCountryBarData1.DataList.Add(globalConfirmedRowSumList[i]);
    //通过索引获取国家的名字
    string countryName = echartsData.globalLineData1.CountryNameList[valueIndex];
    //判断国家的名字是否包含'（'字符，比如中国（含港澳台），若包含则取'（'前面的部分
    if (countryName.Contains('（'))
    {
        string[] nameArr = countryName.Split('（');
        countryName = nameArr[0];
    }
    echartsData.mainCountryBarData1.MainCountryNameList.Add(countryName);
}
```

12.3.1.5 饼状图

本节的饼状图主要用于统计全球各地区在 2019 年 12 月 31 日到 2020 年 3 月 2 日期间确诊人数最多的四个国家及其确诊人数，所以要获取前四个国家的名字和确诊人数。饼状图的实现步骤如下：

（1）在 DataStruct.cs 文件中定义数据结构，代码如下所示。

```
/*饼状图*/
[DataContract]
public class MainCountryPieData1
{
    [DataMember]
    public string name { get; set; }
    [DataMember]
    public double value { get; set; }
}
```

（2）在 DataQueryFun.cs 文件中添加以下代码。

```
/*获取饼状图所需的数据同柱状图一样*/
for (int i = 0; i < echartsData.mainCountryBarData1.MainCountryNameList.Count; i++)
{
    string name = echartsData.mainCountryBarData1.MainCountryNameList[i];
    double value = echartsData.mainCountryBarData1.DataList[i];
    echartsData.mainCountryPieData1List.Add(new MainCountryPieData1() {
        name = name, value = value });
}
```

12.3.1.6 散点图

本节的散点图主要用于统计全球各地区在 2019 年 12 月 31 日到 2020 年 3 月 2 日期间每日的康复人数和死亡人数。散点图的实现步骤如下：

（1）在 DataStruct.cs 文件中定义数据结构，代码如下所示。

```
//散点图
[DataContract]
public class GlobalScatterData1
{
    [DataMember]
    public List<List<double>> DataListList { get; set; }
    public GlobalScatterData1()
    {
        DataListList = new List<List<double>>();
    }
}
```

（2）在 DataQueryFun.cs 文件中添加以下代码。

```
/*获取全球各地区每日的死亡人数和康复人数*/
List<double> deathData_Scatter = new List<double>(
                    echartsData.globalLineData1.DataList_death_column.ToArray());
List<double> recoveredData_Scatter = new List<double>(
                    echartsData.globalLineData1.DataList_recovered_column.ToArray());
for (int i = 0; i < deathData_Scatter.Count; i++)
```

```csharp
{
    List<double> dataList = new List<double>();
    dataList.Add(deathData_Scatter[i]);
    dataList.Add(recoveredData_Scatter[i]);
    echartsData.globalScatterData1.DataListList.Add(dataList);
}
```

12.3.1.7 雷达图

本节的雷达图主要用于统计全球各地区在 2019 年 12 月 31 日到 2020 年 3 月 2 日期间确诊人数最多的四个国家的各个疫情数据。雷达图的实现步骤如下：

（1）在 DataStruct.cs 文件中定义数据结构，代码如下所示。

```csharp
//雷达图
[DataContract]
public class MainCountryRadarIndicator
{
    [DataMember]
    public string name { get; set; }
    [DataMember]
    public double max { get; set; }
}
[DataContract]
public class MainCountryRadarData
{
    [DataMember]
    public string name { get; set; }
    [DataMember]
    public List<double> value { get; set; }
}
```

（2）在 DataQueryFun.cs 文件中添加以下代码。

```csharp
//获取雷达图中各个属性的最大值，在此将确诊人数、死亡人数和康复人数的最大值乘以 1.1 作为雷达图的指标
double confirmeValue_radarMax = globalConfirmedRowSumList[0] * 1.1;
double deathValue_radarMax = echartsData.globalLineData1.DataList_death_row.Max() * 1.1;
double recoveredValue_radarMax = echartsData.globalLineData1.DataList_recovered_row.Max() * 1.1;
echartsData.mainCountryRadarIndicatorList.Add(new MainCountryRadarIndicator() {
    name = "确诊人数", max = confirmeValue_radarMax });
echartsData.mainCountryRadarIndicatorList.Add(new MainCountryRadarIndicator() {
    name = "死亡人数", max = deathValue_radarMax });
echartsData.mainCountryRadarIndicatorList.Add(new MainCountryRadarIndicator() {
    name = "康复人数", max = recoveredValue_radarMax });
for (int i = 0; i < 4; i++)
{
    //获取确诊人数排在前 4 个值的索引
```

```
        int valueIndex = echartsData.globalLineData1.DataList_confirmed_row.IndexOf(
                                        globalConfirmedRowSumList[i]);
//通过索引获取国家的名字、确诊人数、死亡人数、康复人数
string countryName = echartsData.globalLineData1.CountryNameList[valueIndex];
//判断国家的名字是否包含'（'字符，比如中国（含港澳台），若包含则取'（'前面的部分
if (countryName.Contains('（'))
{
    string[] nameArr = countryName.Split('（');
    countryName = nameArr[0];
}
double confirmedValue = globalConfirmedRowSumList[i];
double deathValue = echartsData.globalLineData1.DataList_death_row[valueIndex];
double recoveredValue = echartsData.globalLineData1.DataList_recovered_row[valueIndex];
List<double> allTypeValue = new List<double> { confirmedValue, deathValue, recoveredValue };
echartsData.mainCountryRadarDataList.Add(new MainCountryRadarData() {
    value = allTypeValue, name = countryName });
}
```

12.3.1.8 漏斗图

本节的漏斗图主要用于统计全球各地区在 2019 年 12 月 31 日到 2020 年 3 月 2 日期间确诊人数最多的四个国家名字及其确诊人数。漏斗图的实现步骤如下：

（1）在 DataStruct.cs 文件中定义数据结构，代码如下所示。

```
//漏斗图
[DataContract]
public class MainCountryFunnelData1
{
    [DataMember]
    public double maxValue { get; set; }
    public MainCountryFunnelData1()
    {
        maxValue = new double();
    }
}
```

（2）在 DataQueryFun.cs 文件中添加以下代码。

```
List<double> valueList = new List<double>();
for (int i = 0; i < echartsData.mainCountryPieData1List.Count; i++)
{
    valueList.Add(echartsData.mainCountryPieData1List[i].value);
}
echartsData.mainCountryFunnelData1.maxValue = valueList.Max();
```

12.3.1.9 仪表盘

本节的漏斗图主要用于统计全球各地区在 2019 年 12 月 31 日到 2020 年 3 月 2 日期间的死亡率,即获取全球总的确诊人数和死亡人数。仪表盘的实现步骤如下:

(1) 在 DataStruct.cs 文件中定义数据结构,代码如下所示。

```
//仪表盘
[DataContract]
public class GlobalGaugeData1
{
    [DataMember]
    public double value { get; set; }
    [DataMember]
    public string name { get; set; }
}
```

(2) 在 DataQueryFun.cs 文件中添加以下代码。

```
double confirmedNum = 0;
double deathNum = 0;
for (int i = 0; i < echartsData.globalLineData1.DataList_confirmed_column.Count; i++)
{
    confirmedNum += echartsData.globalLineData1.DataList_confirmed_column[i];
    deathNum += echartsData.globalLineData1.DataList_death_column[i];
}
echartsData.globalGaugeData1List.Add(new GlobalGaugeData1() {
    value = Math.Round(deathNum / confirmedNum, 2), name = "死亡率" });
```

12.3.1.10 象形柱图

本节的象形柱图主要用于统计全球各地区在 2020 年 2 月份前六天的死亡人数、康复人数、确诊人数。象形柱图的实现步骤如下:

(1) 在 DataStruct.cs 文件中定义数据结构,代码如下所示。

```
//象形柱图
[DataContract]
public class GlobalPictorialBarData1
{
    [DataMember]
    public List<string> dateList { get; set; }
    [DataMember]
    public List<double> deathNumList { get; set; }
    [DataMember]
    public List<string> typeList { get; set; }
    [DataMember]
    public List<double> recoveredNumList { get; set; }
    public GlobalPictorialBarData1()
    {
```

```
            dateList = new List<string>();
            deathNumList = new List<double>();
            typeList = new List<string>();
            recoveredNumList = new List<double>();
        }
    }
```

（2）在 DataQueryFun.cs 文件中添加以下代码。

```
//截取 2020 年 2 月份前六天的死亡人数、康复人数、确诊人数
List<string> dateList = echartsData.globalLineData1.DateList.GetRange(21, 7);
for (int i = 0; i < dateList.Count; i++)
{
    //日期的显示格式为 20200201，太长了，去掉 2020
    string date = dateList[i].Substring(4, 4);
    echartsData.globalPictorialBarData1.dateList.Add(date);
}
echartsData.globalPictorialBarData1.deathNumList =
                    echartsData.globalLineData1.DataList_death_column.GetRange(21, 7);
echartsData.globalPictorialBarData1.typeList = new List<string>() { "死亡人数", "康复人数" };
echartsData.globalPictorialBarData1.recoveredNumList =
                    echartsData.globalLineData1.DataList_recovered_column.GetRange(21, 7);
```

12.3.1.11 日历坐标系

本节的日历坐标系主要用于统计全球在 2020 年 2 月份、3 月份中每日的确诊人数。日历坐标系的实现步骤如下：

（1）在 DataStruct.cs 文件中定义数据结构，代码如下所示。

```
//日历坐标系
[DataContract]
public class GlobalCalendar
{
    [DataMember]
    //使用 ArrayList 可以向数组中添加任意类型，注意要引用 using System.Collections
    public List<ArrayList> dataListList { get; set; }
    public GlobalCalendar()
    {
        dataListList = new List<ArrayList>();
    }
}
```

（2）在 DataQueryFun.cs 文件中添加以下代码。

```
List<string> dateList_calendar = echartsData.globalLineData1.DateList.GetRange(22, 30);
List<double> confirmedList_calendar =
                    echartsData.globalLineData1.DataList_confirmed_column.GetRange(22, 30);
for (int i = 0; i < dateList_calendar.Count; i++)
{
```

```
            string date = dateList_calendar[i].Insert(4, "-");
            string dateNew = date.Insert(7, "-");
            ArrayList dataList = new ArrayList() { dateNew, confirmedList_calendar[i] };
            echartsData.globalCalendar.dataListList.Add(dataList);
}
```

（3）为了解决跨域问题，将获取到的数据类型转换为定义的 System.ServiceModel. Channels.Message，代码如下所示。

```
System.ServiceModel.Channels.Message OPTIONSMessage =
            ResponseMsgFactory.ProcessHttpOPTIONS(WebOperationContext.Current);
if (OPTIONSMessage != null)
{
    return OPTIONSMessage;
}
System.ServiceModel.Channels.Message echartsDataMessage =
            ResponseMsgFactory.CreateMessageByFormat(echartsData, FormatType.JSON);
return echartsDataMessage;
```

（4）在 IDataQuery.cs 文件中声明 GetData 方法即可，代码如下所示。

```
using System;
using System.Collections.Generic;
using System.Linq;
using System.ServiceModel;
using System.ServiceModel.Web;
using System.Text;
using System.Threading.Tasks;
namespace DEMO
{
    [ServiceContract(Name = "FeatureInfoQueryServices")]
    public interface IDataQuery
    {
        [OperationContract]
        [WebGet(UriTemplate = "GetData",
            BodyStyle = WebMessageBodyStyle.Bare,
            RequestFormat = WebMessageFormat.Json,
            ResponseFormat = WebMessageFormat.Json)]
        System.ServiceModel.Channels.Message GetData();

    }
}
```

12.3.2 前端框架搭建

新冠肺炎疫情大数据分析系统的界面由一个地图框和 9 个图表框组成。地图框中的地图是通过调用 OpenLayers 渲染出天地图的地形晕渲切片地图，地图上部漂浮着三个选项卡，分别是确诊人数、死亡人数和康复人数。9 个图表框分别用于展示折线图、柱状图、饼状图、散点图、雷达图、漏斗图、仪表盘、象形柱图和日历坐标系。另外界面上还有三个选项卡，分别是全球、中国和湖北省，用于控制不同研究区域的数据渲染。

界面布局代码如下所示。

```html
<div class="bnt">
    <h1 class="tith1 fl">新冠肺炎疫情大数据</h1>
</div>
<!-- 左边第一列 -->
<div class="left1 pleft1">
    <div class="lefttime">
        <h2 class="tith2">统计区域</h2>
        <div class="lefttime_text">
            <ul>
                <li class="bg active" id="globalBtn">全球</li>
                <li class="bg" id="chinaBtn">中国</li>
                <li class="bg" id="huBeiBtn">湖北省</li>
            </ul>
        </div>
    </div>
    <!-- 左边第一列的第一个框 -->
    <div class="plefttoday">
        <h2 class="tith2" id="column1_1">主要国家确诊人数</h2>
        <div class="lefttoday_number" id="mainCountryBar">
        </div>
    </div>
    <!-- 左边第一列的第二个框 -->
    <div class="lpeftmidbot">
        <h2 class="tith2" id="column1_2">主要国家确诊人数</h2>
        <div  class="lpeftmidbotcont" id="mainCountryPie">
        </div>
    </div>
    <!-- 左边第一列的第三个框 -->
    <div class="lpeftbot">
        <h2 class="tith2" id="column1_3">主要国家疫情</h2>
        <div id="mainCountryRadar" class="lpeftbotcont"></div>
    </div>
</div>
<!-- 左边第二列 -->
<div class="left2">
    <!-- 左边第二列的第一个框 -->
    <div class="pleftbox2top">
        <h2 class="tith2" id="column2_1">全球死亡与康复人数关系</h2>
        <div id="mainCountryScatter" class="pleftbox2topcont"></div>
    </div>
    <!-- 左边第二列的第二个框 -->
    <div class="pleftbox2midd">
        <h2 class="tith2" id="column2_2">主要国家确诊人数</h2>
```

```html
            <div id="mainCountryFunnel" class="pleftbox2middcont"></div>
        </div>
        <!-- 左边第二列的第三个框 -->
        <div class="lpeft2bot">
            <h2 class="tith2" id="column2_3">全球一周内死亡与康复人数</h2>
            <div id="globalPictorialbbar" class="pleftbox3middcont"></div>
        </div>
    </div>
</div>
</div>
<div class="mrbox prbox">
    <div class="mrbox_top">
        <div class="mrbox_top_midd">
            <!-- 地图显示区域 -->
            <div class="mrboxtm-mbox">
                <h2 class="tith2 pt1">疫情地图</h2>
                <div class="mrboxtm-map" id="mapContainer">
                    <div class="typeLabel">
                        <ul>
                            <li class="label active confirmedLabel">确诊</li>
                            <li class="label deathLabel">死亡</li>
                            <li class="label recoveredLabel">康复</li>
                        </ul>
                    </div>
                </div>
            </div>
            <!-- 地图下方显示区域-->
            <div class="pmrboxbottom">
                <h2 class="tith2  globalLineChart" id="column3_1">全球疫情增长情况</h2>
                <div id="pmrboxbottom" class="pmrboxbottomcont"></div>
            </div>
        </div>
        <!-- 右边一列 -->
        <div class="mrbox_top_right">
            <!-- 右边一列的第一个框 -->
            <div class="pmrtop1">
                <h2 class="tith2 rightBox" id="column4_1">全球确诊人数</h2>
                <div id="globalCalendar" class="lpeftb1otcont"></div>
            </div>
            <!-- 右边一列的第二个框 -->
            <div class="pmrtop" style=" margin-top: 3.3%">
                <h2 class="tith2 rightBox" id="column4_2">全球死亡率</h2>
                <div id="globalGauge" class="lpeftb2otcont"></div>
            </div>
            <!-- pmrtop -->
        </div>
    </div>
```

```html
    <!-- 地图下最后一行 -->
    <div class="mrbox_bottom">
      <!-- 地图下最后一行第一个框
      <div class="rbottom_box1">
        <h2 class="tith2">高危人员年龄分析</h2>
        <div id="prbottom_box1" class="prbottom_box1cont"></div>
      </div>
      地图下最后一行第二个框
      <div class="rbottom_box2">
        <h2 class="tith2">高危人员分类统计</h2>
        <div id="prbottom_box2" class="prbottom_box1cont"></div>
      </div>
      地图下最后一行第三个框 -->
      <!-- <div class="rbottom_box3">
        <h2 class="tith2 pt2">流动人口年龄分析</h2>
        <div id="prbottom_box3" class="prbottom_box1cont"></div>
      </div> -->
    </div>
</div>
```

其中地球、中国和湖北省的选项卡的单击事件代码如下所示。

```
$(".lefttime_text>ul>li").click(function () {
    $(this).addClass("active");
    $(this).siblings().removeClass("active");
})
```

12.3.3 前端数据渲染

前端页面的数据渲染分为空间数据渲染和图表数据渲染，本节将对空间数据渲染、折线图数据渲染、柱状图数据渲染、饼状图数据渲染、雷达图数据渲染、散点图数据渲染、漏斗图数据渲染、仪表盘数据渲染、象形柱图数据渲染和日历坐标系数据渲染进行代码的讲解。

12.3.3.1 空间数据渲染

空间数据渲染主要是通过 OpenLayers 来实现的。本节的空间数据渲染主要是将全球各地区的位置以点符号的形式渲染在天地图中，各个点符号中的数字代表各个地区确诊人数、死亡人数或者康复人数，并且点符号是以聚合标注的形式存在的。

空间数据渲染的步骤如下：

（1）创建各个图层，代码如下所示。

```
//创建一个天地图图层
const TiandiMap_ter = new ol.layer.Tile({
    title: "天地图矢量图层",
    source: new ol.source.XYZ({
        url: "http://t0.tianditu.com/DataServer?T=ter_w&x={x}&y={y}&l={z}&tk=
              d1224273f9cfb96bac37ccec26ab6e94", wrapX: true
    })
```

```
});
//实例化一个map
const map = new ol.Map({
    layers: [TiandiMap_ter],
    view: new ol.View({
        center: [0, 0], projection: 'EPSG:3857', zoom: 1
    }),
    target: 'mapContainer'
});
//实例化一个矢量图层Vector作为绘制层
const pointSource = new ol.source.Vector({ wrapX: false });
//通过ol.source.Cluster定义点要素的聚合数据源
const clusterSource = new ol.source.Cluster({
    //定义聚合的距离，默认为20
    distance: 40,
    source: pointSource
});
//创建一个点要素的聚合图层
const clustersPtLayer = new ol.layer.Vector({
    source: clusterSource,
    style: function (feature, resolution) {
        //console.log("fea", feature)
        var clusterFeatures = feature.get('features');
        //定义一个值，该值为聚合点要素的确诊人数、死亡人数、康复人数的总和
        var value = 0;
        //遍历聚合要素内的各个子要素
        for (var i = 0; i < clusterFeatures.length; i++) {
            value += parseFloat(clusterFeatures[i].values_.name);
        }
        style = [
            new ol.style.Style({
                image: new ol.style.Circle({
                    radius: 16,
                    stroke: new ol.style.Stroke({
                        color: '#fff'
                    }),
                    fill: new ol.style.Fill({
                        color: '#3399CC'
                    })
                }),
                text: new ol.style.Text({
                    text: value.toString(),
                    fill: new ol.style.Fill({
                        color: '#fff'
                    })
                })
            })
```

```
            ];
            return style;
        }
    });
map.addLayer(clustersPtLayer);
```

（2）在 AJAX 请求中调用后台获取到的全球各地区的点坐标和疫情数据。

```
$.getJSON("http://127.0.0.1:7789/GetData", function (res) {
      mapData1 = res.globalLineData1.DataList_confirmed_row;
    //定义一个数组，初始化为全球各地区的确诊人数
    var dataTypeArr = mapData1;
    /*定义一个空数组，在 for 循环里每得到一个 feature，并通过 Vector 的 addFeature 方法将其添加到空数组中*/
    var features = [];
    console.log(mapData2, "mmmm");
    for (var i = 0; i < mapData2.length; i++) {
        features[i] = new ol.Feature({
            geometry: new ol.geom.Point(mapData2[i]),
            //把每个点要素的人数数据放在相关属性中
            name: dataTypeArr[i].toString()
        });
    }
    pointSource.addFeatures(features);
})
```

12.3.3.2　折线图数据渲染

折线图可显示出全球的确诊人数、死亡人数和康复人数在各个日期的发展趋势，如图 12-8 所示。

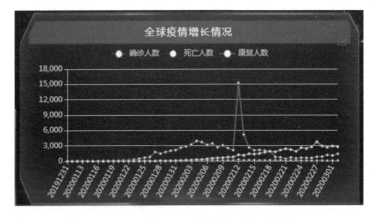

图 12-8　折线图

折线图数据渲染的代码如下所示。

```
/*全球折线图*/
var option_globalLine = {
```

```
tooltip: {
    trigger: 'axis'
},
legend: {
    data: lineData1,
    textStyle: {
        color: '#ccc',
    },
    top: 25
},
grid: {
    left: '3%',
    right: '4%',
    bottom: '3%',
    containLabel: true
},
toolbox: {
    feature: {
        saveAsImage: {}
    }
},
xAxis: {
    type: 'category',
    boundaryGap: false,
    data: lineData2,
    axisLabel: {
        textStyle: {
            color: "#ddd"
        },
        rotate: 60,
        //interval:4
    },
    axisLine: {
        lineStyle: {
            color: "#ddd"
        }
    }
},
yAxis: {
    type: 'value',
    axisLabel: {
        textStyle: {
            color: "#ddd"
        },
        rotate: 0
    },
    axisLine: {
```

```
                    lineStyle: {
                        color: "#ddd"
                    }
                }
            },
            series: [
                {
                    name: '确诊人数',
                    type: 'line',
                    //stack: '总量',
                    data: lineData3
                },
                {
                    name: '死亡人数',
                    type: 'line',
                    // stack: '总量',
                    data: lineData4
                },
                {
                    name: '康复人数',
                    type: 'line',
                    // stack: '总量',
                    data: lineData5
                }
            ]
        };
```

12.3.3.3 柱状图数据渲染

柱状图可以显示主要国家的确诊人数，如图12-9所示。

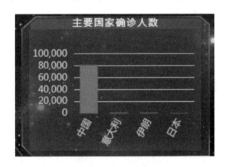

图12-9 柱状图

柱状图数据渲染的代码如下所示。

```
/*主要国家柱状图*/
var option_mainCountryBar = {
    color: ['#3398DB'],
    tooltip: {
```

```
            trigger: 'axis',
            axisPointer: {            //坐标轴指示器，坐标轴触发有效
                type: 'shadow'        //默认为直线，可选为 line 或 shadow
            }
        },
        grid: {
            left: '2%',
            right: '4%',
            bottom: '1%',
            containLabel: true,
            //设置柱状图的高度
            height: 120
        },
        xAxis:
        {
            type: 'category',
            data: barData1,
            axisTick: {
                alignWithLabel: true
            },
            axisLabel: {
                textStyle: {
                    color: "#ddd"
                },
                rotate: 60,
                //interval:4
            },
        },
        yAxis:
        {
            type: 'value',
            axisLabel: {
                textStyle: {
                    color: "#ddd"
                },
                //interval:4
            },
        },
        series: [
            {
                name: '直接访问',
                type: 'bar',
                barWidth: '60%',
                data: barData2
            }
        ]
    };
```

12.3.3.4 饼状图数据渲染

饼状图也可以显示主要国家的确诊人数，如图 12-10 所示。

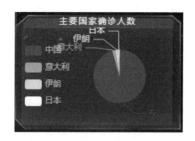

图 12-10 饼状图

饼状图数据渲染的代码如下所示。

```
/*主要国家饼状图*/
var option_mainCountryPie = {
    title: {
        left: 'center'
    },
    tooltip: {
        trigger: 'item',
        formatter: '{a} <br/>{b} : {c} ({d}%)'
    },
    legend: {
        orient: 'vertical',
        left: 'left',
        data: pieData1,
        textStyle: {
            color: '#ccc',
        },
        top: 21
    },
    //自定义饼状图的颜色
    color: ['red', 'orange', 'yellow', '#fff'],
    series: [
        {
            name: '所占比例',
            type: 'pie',
            radius: '55%',
            center: ['65x%', '50%'],
            data: pieData2,
            emphasis: {
                itemStyle: {
                    shadowBlur: 10,
                    shadowOffsetX: 0,
```

```
                shadowColor: 'rgba(0, 0, 0, 0.5)'
            }
        }
    }
    ]
}
```

12.3.3.5 散点图数据渲染

散点图可以显示全球的死亡与康复人数关系，如图12-11所示。

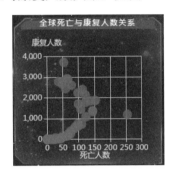

图 12-11 散点图

散点图数据渲染的代码如下所示。

```
/*主要国家散点图*/
var option_mainCountryScatter = {
    xAxis: {
        name: '死亡人数',
        nameLocation: 'middle',
        nameTextStyle: {
            padding: 5
        },
        axisLabel: {
            textStyle: {
                color: "#ddd"
            },
        },
        axisLine: {
            lineStyle: {
                color: "#ddd"
            }
        }
    },
    yAxis: {
        name: '康复人数',
        axisLabel: {
            textStyle: {
                color: "#ddd"
```

```
                    },
                },
                axisLine: {
                    lineStyle: {
                        color: "#ddd"
                    }
                }
            },
            grid: {
                left: '1%',
                bottom: '6%',
                containLabel: true,
                height: 150
            },
            series: [{
                symbolSize: 15,
                data: scatterData1,//1
                type: 'scatter'
            }]
        };
```

12.3.3.6 雷达图数据渲染

雷达图可以显示主要国家的确诊人数、死亡人数和康复人数，如图 12-12 所示。

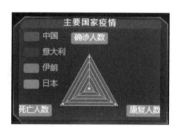

图 12-12 雷达图

雷达图数据渲染的代码如下所示。

```
/*主要国家雷达图*/
var option_mainCountryRadar = {
    tooltip: {},
    legend: {
        data: radarData1,//1
        textStyle: {
            color: '#ccc',
        },
        //图例的布局
        orient: "vertical",
        //图例距左侧的距离
        left: '1%',
```

```
        },
        radar: {
            //雷达图的位置
            center: ['50%', '65%'],
            name: {
                textStyle: {
                    color: '#fff',
                    backgroundColor: '#999',
                    borderRadius: 3,
                    padding: [3, 5]
                }
            },
            indicator: radarData2//2
        },
        series: [{
            name: '主要国家疫情情况对比',
            type: 'radar',
            //areaStyle: {normal: {}},
            data: radarData3//3
        }]
}
```

12.3.3.7 漏斗图数据渲染

漏斗图可以显示主要国家的确诊人数,如图12-13所示。

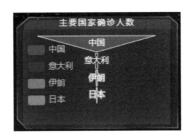

图12-13 漏斗图

漏斗图数据渲染的代码如下所示。

```
/*主要国家漏斗图*/
var option_mainCountryFunnel = {
    tooltip: {
        trigger: 'item',
        formatter: "{a} <br/>{b} : {c}%"
    },
    legend: {
        data: funnelData1,//1
        textStyle: {
            color: '#ccc',
```

```
        },
        //图例的布局
        orient: "vertical",
        //图例到左侧的距离
        left: '1%',
        //图例到上侧的距离
        top: '13%'
    },
    series: [
        {
            name: '漏斗图',
            type: 'funnel',
            left: '10%',
            top: 10,
            //x2: 80,
            bottom: 10,
            width: '80%',
            height: '70%',
            //height: {totalHeight} - y - y2,
            min: 0,
            max: funnelData2,//2
            minSize: '0%',
            maxSize: '100%',
            sort: 'descending',
            gap: 2,
            label: {
                show: true,
                position: 'inside'
            },
            labelLine: {
                length: 10,
                lineStyle: {
                    width: 1,
                    type: 'solid'
                }
            },
            itemStyle: {
                borderColor: '#fff',
                borderWidth: 1
            },
            emphasis: {
                label: {
                    fontSize: 20
                }
            },
            data: funnelData3//3
        }
```

        ]
}

12.3.3.8 仪表盘数据渲染

仪表盘可以显示全球死亡率，如图12-14所示。

图12-14　仪表盘

仪表盘数据渲染的代码如下所示。

```
/*全球仪表盘图：死亡率*/
var option_globalGauge = {
    tooltip: {
        formatter: '{a} <br/>{b} : {c}%'
    },
    series: [
        {
            //仪表盘本身的大小
            radius: '100%',
            name: '业务指标',
            type: 'gauge',
            detail: { formatter: '{value}%' },
            data: gaugeData1,//1
            title: {
                color: '#ccc'
            },
        }
    ]
}
```

12.3.3.9 象形柱图数据渲染

象形柱图可以显示全球一周内的死亡与康复人数，如图12-15所示。

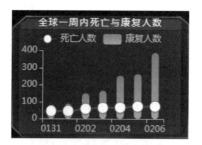

图 12-15　象形柱图

象形柱图数据渲染的代码如下所示。

```javascript
/*全球象形柱图*/
var option_globalPictorialBar = {
    tooltip: {
        trigger: 'axis',
        axisPointer: {
            type: 'shadow'
        }
    },
    grid: {
        height: 90,
        bottom: '15%',
        left: '15%'
    },
    legend: {
        data: pictorialBarData1,
        textStyle: {
            color: '#ccc'
        }
    },
    xAxis: {
        data: pictorialBarData2,
        axisLine: {
            lineStyle: {
                color: '#ccc'
            }
        }
    },
    yAxis: {
        splitLine: { show: false },
        axisLine: {
            lineStyle: {
                color: '#ccc'
            }
        }
    },
```

```
series: [{
    name: '死亡人数',
    type: 'line',
    smooth: true,
    showAllSymbol: true,
    symbol: 'emptyCircle',
    symbolSize: 15,
    data: pictorialBarData3
}, {
    name: '康复人数',
    type: 'bar',
    barWidth: 10,
    itemStyle: {
        barBorderRadius: 5,
        color: new echarts.graphic.LinearGradient(
            0, 0, 0, 1,
            [
                { offset: 0, color: '#14c8d4' },
                { offset: 1, color: '#43eec6' }
            ]
        )
    },
    data: pictorialBarData4
}]
}
```

12.3.3.10 日历坐标系数据渲染

日历坐标系可以显示各个日期的全球确诊人数,如图 12-16 所示。

图 12-16 日历坐标系

日历坐标系数据渲染的代码如下所示。

```
/*全球日历坐标系*/
var option_globalCalendar = {
    tooltip: {},
```

```
        calendar: {
            //修改日历线的颜色
            splitLine: {
                show: true,
                lineStyle: {
                    color: 'while',
                }
            },
            top: 'middle',
            left: '18%',
            orient: 'vertical',
            cellSize: 25,
            yearLabel: {
                margin: 50,
                textStyle: {
                    fontSize: 10
                }
            },
            dayLabel: {
                firstDay: 1,
                nameMap: 'cn',
                textStyle: {
                    color: '#ccc',
                }
            },
            monthLabel: {
                nameMap: 'cn',
                margin: 15,
                textStyle: {
                    color: '#ccc'
                }
            },
            range: ['2020-02', '2020-03-1']
        },
        visualMap: {
            min: 0,
            max: 6000,
            type: 'piecewise',
            right: '0',
            bottom: 5,
            inRange: {
                color: ['rgb(246,238,165)', 'rgb(195,77,82)']
            },
            textStyle: {
                color: '#ccc',
            },
            //图例文本到图形的距离
```

```
            textGap: 2,
            //图例图形的宽度
            itemWidth: 7,
            seriesIndex: [1],
            orient: 'horizontal',
            //图例文本显示个格式,这里转换为"万"
            formatter: function (value) {
                return value / 10000 + '万';
            }
        },
        series: [{
            type: 'graph',
        }, {
            type: 'heatmap',
            coordinateSystem: 'calendar',
            data: calendarData1//1
        }]
    }
```

12.4 本章小结

本章带领大家实现一个新冠肺炎疫情大数据分析系统,该系统包括前端与后台两个部分。后台主要调用 ESRI 提供的 ArcGIS Object 类库进行矢量数据的查询,并将得到的结果通过 WCF 实现后台 REST 服务供前端调用。前端首先通过封装的后台 REST 服务获取到后台查询到的数据,然后调用 OpenLayers 库和 ECharts 库来对得到的数据进行渲染,最后实现了空间数据的可视化,以及通过各种图表数据对不同研究区域的疫情数据进行了展示。